AF313589

L'ARITHMÉTIQUE

DES

ÉCOLES PRIMAIRES ÉLÉMENTAIRES,

OU

EXPOSÉ CLAIR ET PRÉCIS DE LA NUMÉRATION DÉCIMALE
ET DES QUATRE OPÉRATIONS FONDAMENTALES, SUIVI D'UN NOMBRE
SUFFISANT DE PROBLÈMES POUR EN FACILITER
L'APPLICATION.

Avec Questionnaire à la fin de chaque Chapitre.

Par A. MANIÈRES,

INSTITUTEUR COMMUNAL A LA RUSCADE.

Tous les instituteurs reconnaissent qu'il n'y
a pas de Traité d'arithmétique vraiment appro-
prié aux besoins de l'enseignement élémentaire;
c'est pour combler cette lacune que l'auteur a
composé ce petit ouvrage.

BORDEAUX,

IMPRIMERIE DES OUVRIERS-ASSOCIÉS,

rue du Parlement-Ste-Catherine, 49 (Métreau, tit.)

—

1851.

A. MANIÈRES, INSTITUTEUR COMMUNAL.
LA RUSCADE
(GIRONDE)

C.

L'ARITHMÉTIQUE

ÉCOLES PRIMAIRES ÉLÉMENTAIRES.

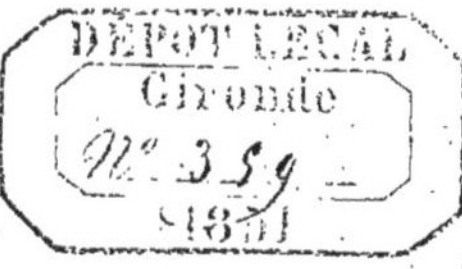

Chapitre Premier.

NOTIONS PRÉLIMINAIRES.

On entend par QUANTITÉ tout ce qui peut être augmenté ou diminué, et par conséquent, mesuré ou compté, comme un groupe d'arbres, une surface, une ligne, etc.

Évaluer une quantité, c'est la *comparer* à une autre quantité de même espèce, pour savoir *combien de fois* elle la contient ou y est contenue.

L'UNITÉ est la quantité à laquelle on compare une autre quantité de même espèce, dont on veut faire l'évaluation.

Le NOMBRE est le résultat de la comparaison d'une quantité à son unité.

Ainsi, lorsque je mesure un tas de blé au litre, et que je trouve que ce tas de blé est de neuf cent vingt-cinq litres, le tas de blé est la *quantité* à évaluer, le litre de blé est la quantité-*unité* (la mesure) au moyen de laquelle je fais l'évaluation, et le résultat neuf cent vingt-cinq litres, qui exprime combien de fois le blé du litre est contenu dans le tas de blé est un *nombre*.

Il y a trois sortes de nombres : le *nombre entier*, la *fraction* et le *nombre fractionnaire*.

Le nombre entier est composé d'unités entières : *vingt-cinq*.

La fraction est composée de portions égales de l'unité : *trois quarts*.

Le nombre fractionnaire renferme des unités entières et des parties d'unité : *quinze et deux tiers.*

Les nombres sont *abstraits* ou *concrets.*

Le nombre abstrait est celui qui ne s'applique à aucune espèce d'unité en particulier : *vingt-huit.*

Le nombre concret est celui qui s'applique à une espèce quelconque d'unités : *vingt-huit mètres, soixante francs.*

Le nombre abstrait est l'élément des démonstrations et des opérations sur les nombres ; le nombre concret est l'élément des problèmes.

L'ARITHMÉTIQUE est la science des nombres et du calcul.

QUESTIONNAIRE.

Qu'entend-on par quantité ? — Qu'est-ce qu'évaluer une quantité ? — Qu'est-ce que l'unité ? — Qu'est-ce qu'un nombre ? — Combien distingue-t-on de sortes de nombres ? — Qu'est-ce que le nombre entier ? — Qu'est-ce que la fraction ? — Qu'est-ce que le nombre fractionnaire ? — Qu'entend-on par nombre abstrait ? — Qu'entend-on par nombre concret ? — De quoi le nombre abstrait est-il l'élément ? — De quoi le nombre concret est-il l'élément ? — Qu'est-ce que l'Arithmétique ?

Chapitre Deuxième.

DE LA NUMÉRATION.

La numération est l'art de *former, d'énoncer* et de *représenter* les nombres.

Il y a deux sortes de numération : la numération *parlée* et la numération *écrite.*

La numération parlée est l'art de former et d'énoncer les nombres au moyen d'une trentaine de mots principaux, tels que : *un, deux, trois, quatre, cinq, six, sept, huit, neuf, dix, cent, mille, million, billion, trillion, etc., etc.*

La numération écrite est l'art de représenter les nombres au moyen de dix *caractères* appelés *chiffres.*

Ces dix chiffres sont :

0   1   2   3   4   5   6   7   8   9

zéro, un, deux, trois, quatre, cinq, six, sept, huit, neuf.

Le *zéro* est un signe *négatif* qui n'a pas de valeur par lui-même ; il sert à *remplacer* les unités qui manquent dans l'énoncé d'un nombre et à conserver aux autres chiffres le rang et la valeur qui leur appartiennent.

Les autres chiffres représentent les neuf premiers nombres.

Ces neuf chiffres ont chacun deux valeurs : la *valeur absolue* et la *valeur relative*.

La valeur absolue d'un chiffre est celle qu'il a par lui-même en le considérant seul.

La valeur relative d'un chiffre est celle qu'il tient du rang qu'il occupe.

Par opposition au *zéro* qui ne signifie RIEN , les autres chiffres sont appelés chiffres *significatifs*.

QUESTIONNAIRE.

Qu'est-ce que la numération? — Combien y a-t-il de sortes de numérations? — Qu'est-ce que la numération parlée? — Qu'est-ce que la numération écrite? — Quels sont ces dix chiffres? — Que représente le zéro? — Que représentent les autres chiffres? — Combien de valeurs peut avoir un chiffre? — Qu'entend-on par valeur absolue d'un chiffre? — Qu'entend-on par valeur relative d'un chiffre? — Qu'entend-on par chiffres significatifs?

DE LA FORMATION
Et de la représentation des Nombres.

1. — NUMÉRATION DES NOMBRES ENTIERS.

Les nombres se forment tous les uns des autres par *augmentation successive* de UN.

Un	1	Six et un font sept	7
Un et un font deux	2	Sept et un font huit	8
Deux et un font trois	3	Huit et un font neuf	9
Trois et un font quatre	4	Neuf et un font dix ou une *di-*	
Quatre et un font cinq	5	*zaine*	10
Cinq et un font six	6		

On aurait pu continuer ainsi et donner à chaque nombre un nom particulier, mais cette manière de compter aurait trop embarrassé la mémoire, et on a préféré procéder par *unités collectives*, que l'on obtient les unes des autres en *décuplant* successivement à partir de l'unité ou UN.. 1

Ces unités collectives sont :

LA DIZAINE (2° ordre d'unités), composée de *dix* unités.... 10
LA CENTAINE (3° ordre d'unités), formée de *dix* dizaines.... 100
LE MILLE (4° ordre d'unités), formée de *dix* centaines...... 1,000
La *dizaine* de mille (5° ordre)..................................... 10,000
La *centaine* de mille (6° ordre)................................... 100,000
Le MILLION (7° ordre), formé de *dix* centaines de mille..... 1,000,000
La *dizaine* de million (8° ordre).................................. 10,000,000
La *centaine* de million (9° ordre)................................. 100,000,000
Le BILLION OU MILLIARD (10° ordre), formé de *dix* centaines
de million.. 1,000,000,000
Etc., etc.

Premier Groupe. — 1ᵉʳ, 2ᵐᵉ ET 3ᵐᵉ Ordre d'unités.

UNITÉS, DIZAINES et CENTAINES *simples*.

Les neuf premiers nombres sont dits *unités de premier ordre*, parce qu'ils sont les premiers formés et qu'ils occupent le rang à partir duquel on commence à compter.

La DIZAINE, unité de 2ᵐᵉ ordre, est une collection de *dix unités*.

On l'appelle unité de 2ᵐᵉ ordre, parce qu'elle est la *deuxième* formée et qu'elle s'écrit au *second* rang à gauche et à partir des unités.

On compte par dizaines comme par unités, et on a :

Une dizaine ou dix	10	Six dizaines ou soixante	60
Deux dizaines ou vingt	20	Sept dizaines ou soixante-dix	70
Trois dizaines ou trente	30	Huit dizaines ou quatre-vingt	80
Quatre dizaines ou quarante	40	Neuf dizaines ou quatre-vingt-dix	90
Cinq dizaines ou cinquante	50		

A la suite de chaque dizaine il y a neuf nombres qui forment la *liaison* et qui s'obtiennent en énonçant à la suite de chaque dizaine les neuf unités du premier ordre, à partir de *un*.

Dix-un ou *onze*	11	Dix-six ou *seize*	16
Dix-deux ou *douze*	12	Dix-sept	17
Dix-trois ou *treize*	13	Dix-huit	18
Dix-quatre ou *quatorze*	14	Dix-neuf	19
Dix-cinq ou *quinze*	15		

Vingt-un................... 21	Soixante-un................. 61
Vingt-deux................. 22	Soixante-deux.............. 62
. . . .	. . . .
Vingt-neuf................. 29	Soixante-neuf.............. 69
—	—
Trente-un.................. 31	Soixante-*dix-un* (onze)........... 71
Trente-deux................ 32	Soixante-*dix-deux* (douze).......... 72
. . . .	. . . .
Trente-neuf................ 39	Soixante-dix-neuf.............. 79
—	—
Quarante-un................ 41	Quatre-vingt-un............... 81
Quarante-deux.............. 42	Quatre-vingt-deux............. 82
. . . .	. . . .
Quarante-neuf.............. 49	Quatre-vingt-neuf.............. 89
—	—
Cinquante-un............... 51	Quatre-vingt-*dix-un* (onze)........ 91
Cinquante-deux............. 52	Quatre-vingt-*dix-deux* (douze).... 72
. . . .	. . . .
Cinquante-neuf............. 59	Quatre-vingt-dix-neuf.............. 99

LES CENT PREMIÈRS NOMBRES.

1	11	21	31	41	51	61	71	81	91
2	12	22	32	42	52	62	72	82	92
3	13	23	33	43	53	63	73	83	93
4	14	24	34	44	54	64	74	84	94
5	15	25	35	45	55	65	75	85	95
6	16	26	36	46	56	66	76	86	96
7	17	27	37	47	57	67	77	87	97
8	18	28	38	48	58	68	78	88	98
9	19	29	39	49	59	69	79	89	99
10	20	30	40	50	60	70	80	90	**100**

La CENTAINE, unité de 3me ordre, est une collection de *dix dizaines*.

On l'appelle unité de 3me ordre parce qu'elle est la troisième for-mée et qu'elle s'écrit au *troisième* rang à gauche et à partir des unités.

On compte par centaines comme on a compté par dizaines et par unités.

Nombres intermédiaires.

Une centaine ou *cent*............... 100	101. 102. 103. 104. 199
Deux centaines ou *deux cents*.... 200	201. 202. 203. 204. 299
Trois centaines ou *trois cents*.... 300	301. 302. 303. 304. 399
Quatre centaines ou *quatre cents*. 400	401. 402. 403. 404. 499
Cinq centaines ou *cinq cents*..... 500	501. 502. 503. 504. 599
Six centaines ou *six cents*........ 600	601. 602. 603. 604. 699
Sept centaines ou *sept cents*...... 700	701. 702. 703. 704. 799
Huit centaines ou *huit cents*..... 800	801. 802. 803. 804. 899
Neuf centaines ou *neuf cents*..... 900	901. 902. 903. 904. 999

On voit qu'à la suite de chaque centaine il y a quatre-vingt-dix-neuf nombres qui forment la liaison et qui s'obtiennent en énonçant les deux premiers ordres formés (unités et dizaines), à partir de *un*.

On arrive ainsi au nombre de neuf cent *quatre-vingt-dix-neuf* (999) nombre qui comprend 9 centaines, 9 dizaines et 9 unités.

Ce nombre, augmenté de un, donne *dix centaines* ou un *mille*.

Deuxième Groupe. — 4ᵐᵉ, 5ᵐᵉ ᴇᴛ 6ᵐᵉ Ordre d'unités.

UNITÉS, DIZAINES et CENTAINES *de mille.*

Le ᴍɪʟʟᴇ, unité de 4ᵐᵉ ordre, est une collection de *dix centaines.*

On l'appelle unité de 4ᵐᵉ ordre, parce qu'il est le *quatrième* formé et qu'il s'écrit au *quatrième* rang à gauche et à partir des unités.

On compte par *unités, dizaines* et *centaines* de mille : les unités de mille s'écrivant au 4ᵐᵉ rang, les dizaines de mille s'écrivent au 5ᵐᵉ, et les centaines de mille au 6ᵐᵉ, à gauche, et à partir des unités.

Unités de mille.		Cinquante mille	50,000
Un mille	1,000	Soixante mille	60,000
Deux mille	2,000	Soixante-dix mille	70,000
Trois mille	3,000	Quatre-vingt mille	80,000
Quatre mille	4,000	Quatre-vingt-dix mille	90,000
Cinq mille	5,000	*Centaines de mille.*	
Six mille	6,000	Cent mille	100,000
Sept mille	7,000	Deux cent mille	200,000
Huit mille	8,000	Trois cent mille	300,000
Neuf mille	9,000	Quatre cent mille	400,000
Dizaines de mille.		Cinq cent mille	500,000
Dix mille	10,000	Six cent mille	600,000
Vingt mille	20,000	Sept cent mille	700,000
Trente mille	30,000	Huit cent mille	800,000
Quarante mille	40,000	Neuf cent mille	900,000

En énonçant à la suite de chaque mille les trois ordres d'unités du premier groupe (unités, dizaines et centaines simples), à partir de *un*, on arrive au nombre de neuf cent quatre-vingt-dix-neuf *mille* neuf cent quatre-vingt-dix-neuf (999,999), nombre composé de 9 centaines, 9 dizaines et 9 unités de *mille*, 9 dizaines et 9 unités simples.

Ce nombre, augmenté de *un*, donne *dix centaines* de mille ou un *million.*

On remarquera que les groupes (1) de trois chiffres représentant des unités, des dizaines et des centaines, sont séparés entre eux par une virgule (,).

Troisième Groupe. — 8mo, 9me ET 10me Ordre d'unités.

UNITÉS, DIZAINES et CENTAINES DE *millions.*

Le MILLION, unité de 7me ordre, est une collection de *dix centaines de mille,* ou de mille *mille.*

On l'appelle unité de 7me ordre parce qu'il est le *septième* formé et qu'il s'écrit au *septième* rang à gauche et à partir de l'unité.

On compte par *unités, dizaines* et *centaines* de millions : les unités de millions s'écrivant au 7me rang, les dizaines de million s'é— crivent au 8me et les centaines de millions au 9me, toujours à gauche et à partir des unités.

Unités de millions.		Cinquante millions.......	50,000,000
Un million.............	1,000,000	Soixante millions........	60,000,000
Deux millions.........	2,000,000	Soixante-dix millions....	70,000,000
Trois millions..........	3,000,000	Quatre-vingt millions...	80,000,000
Quatre millions........	4,000,000	Quatre-vingt-dix millions	90,000,000
Cinq millions..........	5,000,000	Centaines de millions.	
Six millions............	6,000,000	Cent millions............	100,000,000
Sept millions..........	7,000,000	Deux cents millions......	200,000,000
Huit millions..........	8,000,000	Trois cents millions......	300,000,000
Neuf millions..........	9,000,000	Quatre cents millions....	400,000,000
Dixaines de millions.		Cinq cents millions......	500,000,000
Dix millions............	10,000,000	Six cents millions........	600,000,000
Vingt millions.........	20,000,000	Sept cents millions.......	700,000,000
Trente millions........	30,000,000	Huit cents millions.......	800,000,000
Quarante millions.....	40,000,000	Neuf cents millions......	900,000,000

En énonçant à la suite de chaque million les six ordres d'unités compris dans les deux groupes précédents, à partir de *un,* on arrive au nombre de neuf cent quatre-vingt-dix-neuf *millions,* neuf cent quatre-vingt-dix-neuf *mille,* neuf cent quatre-vingt-dix-neuf *unités* (999,999,999), nombre composé de 9 centaines, 9 dizaines et 9 unités

---

(1) Un groupe de trois chiffres, représentant des unités, des dizaines, des cen— taines, reçoit le nom de *tranche.* On distingue par conséquent la tranche *des uni— tés simples,* la tranche des *mille,* la tranche des *millions,* etc.

de millions ; 9 centaines, 9 dizaines et 9 unités de mille ; 9 centaines, 9 dizaines et 9 unités simples.

Ce nombre, augmenté de un, forme *dix* centaines de millions ou un *billion*.

Quatrième groupe. — 10me, 11me ET 12me Ordre.

Le BILLION, (2) collection de DIX centaines de millions.

Cinquième Groupe. — 13me, 14me ET 15me Ordre.

Le TRILLION, collection de DIX centaines de billions.

Sixième Groupe. — 16me, 17me ET 18me Ordre.

Le QUATRILLION, collection de DIX centaines de trillions.

Septième Groupe. — 19me, 20me ET 21me Ordre.

Le QUINTILLION, collection de DIX centaines de quatrillions.

Chacun de ces groupes comprend, comme les précédents, des *unités*, des *dizaines* et des *centaines*.

En outre, toute unité qui comprend des unités, des dizaines et des centaines, comme le *mille*, le *million*, reçoit le nom d'UNITÉ PRINCIPALE.

On voit, d'après ce qui précède, que le principe fondamental de la numération décimale écrite est *que tout chiffre placé à la gauche d'un autre représente des unités d'un ordre* DIX FOIS PLUS GRAND *que cet autre chiffre, et que tout autre chiffre placé à la droite d'un autre représente des unités d'un ordre* DIX FOIS PLUS PETIT *que cet autre chiffre.*

Règle générale : *Pour écrire un nombre entier on va successivement de gauche à droite en commençant à écrire les plus fortes unités des plus fortes unités principales, c'est-à-dire en écrivant d'abord les centaines, dizaines et unités de millions, puis les centaines, dizaines et unités de mille, et enfin, les centaines, dizaines et unités*

---

(2) Le billion est appelé milliard en terme de finances et de dénombrement de population.

simples, en ayant soin de remplacer par autant de zéros les ordres d'unités manquant dans l'énoncé du nombre, et de placer la virgule après chaque tranche de billions, de millions et de mille.

EXERCICE sur les nombres entiers.

120	1,000,014	900,000,243	9,048,236,567
247	65,070,100	634,256,000	97,000,641,033
3,294	279,000,847	1,812,528	309,548,115,376
6,928	604,080,200	1,851	644,026,349,108
15,043	839,565,799	1,851,000	900,007,000,043
229,607	500,500,400	8,617,177	374,101,624,000
500,076	133,133,133	595,036,289	857,400,051,023
893,004	997,072,494	411,015,107	235,393,544,167
137,891	710,018,553	866,396,716	903,527,634,888
990,008	514,048,007	729,058,476	199,881,781,619

QUESTIONNAIRE.

Comment se forment les nombres? — Pourquoi n'a-t-on distingué chaque nombre par un nom particulier? — Qu'entend-on par unité collective? — Qu'entend-on par unité de premier ordre? — Qu'est-ce que la dizaine? — Pourquoi l'appelle-t-on unité de deuxième ordre. — Que signifient les expressions composées onze, douze, treize, quatorze, etc. — Qu'est-ce que la centaine? — Pourquoi l'appelle-t-on unité de troisième ordre? — Qu'appelle-t-on nombres intermédiaires? — Quest-ce que le mille? — Pourquoi l'appelle-t-on unité de quatrième ordre? — Comment compte-on les mille? — Comment forme-t-on les nombres intermédiaires d'un mille à l'autre? — Par quoi sont séparés entre eux les groupes de trois chiffres représentant des unités, des dizaines et des centaines? — Qu'est-ce que le million? — Pourquoi l'appelle-t-on unité de septième ordre? — Comment compte-t-on les millions? — Comment forme-t-on les nombres intermédiaires d'un million à l'autre? — Qu'est-ce qu'un billion? — Qu'un trillion? — Qu'un quatrillion? — Qu'un quintillion? — Qu'entend-on par tranche? — Qu'entend-on par unité principale? — Quel est le principe fondamental de la numération décimale? — Quel est la règle générale pour écrire un nombre entier?

II. — NUMÉRATION DES FRACTIONS DÉCIMALES.

La *fraction*, comme on a vu, est un nombre composé de parties de l'unité divisée par portions égales.

Les *fractions décimales* sont des fractions de dix fois en dix fois plus petites les unes que les autres, à partir de l'unité. Ainsi :

0.Unité.

1° En partageant l'unité en *dix* on a des DIXIÈMES (1er ordre de fraction)... 0.1

2° En partageant le dixième en *dix* on a des CENTIÈMES (2e ordre de fraction) ou dixièmes de dixièmes, ainsi appelés parce qu'il en faut *cent* pour valoir l'unité ;
0.01
0.15

3° En partageant le centième en *dix* on a des MILLIÈMES (3e ordre de fraction) ou dixièmes de centièmes, ainsi appelés parce qu'il en faut *mille* pour valoir l'unité ;
0.001
0.015
0.228

4° En partageant le millième en *dix* on a des DIX MIL-LIÈMES (4e ordre de fraction) ou dixièmes de millièmes, ainsi appelés parce qu'il en faut *dix-mille* pour valoir l'unité ;
0.0001
0.0056
0.0643
0.8339

5° En partageant le dix-millième en *dix* on a des CENT-MILLIÈMES (5e ordre de fraction) ou dixièmes de dix-mil-lièmes, ainsi appelés parce qu'il en faut *cent-mille* pour valoir l'unité ;
0.00001
0.00048
0.00193
0.09472
0.62457

6° En partageant les cent-millièmes en *dix* on a des MILLIONNIÈMES (6e ordre de fraction), ainsi appelés parce qu'il en faut un *million* pour valoir l'unité.
0.000001
0.000068
0.962514

Etc., etc.

EXERCICE sur les fractions décimales et sur les nombres décimaux.

0.1	0.01	0.11	0.001	0.247	0.8954	647.15
0.2	0.02	0.12	0.002	0.548	0.9999	2,819.044
0.3	0.03	0.13	0.003	0.628	0.00001	56,216.8
0.4	0.04	0.14	0.004	0.775	0.56749	36.81
0.5	0.05	0.15	0.005	0.836	0.70538	624.295
0.6	0.06	0.25	0.006	0.945	0.90454	148,039.0046
0.7	0.07	0.46	0.007	0.999	0.00818	577,195.1629
0.8	0.08	0.60	0.039	0.0001	0.60117	1,136.564.326247
0.9	0.09	0.76	0.111	0.0604	0.359943	621,044.6
1.0	0.10	0.99	0.129	0.8594	0.293347	3.658272

On voit, par ce qui précède :

1° Que lorsqu'on n'a pas de nombre entier à écrire avant une fraction décimale, on écrit un *zéro* qui en tient lieu et qui fait connaître que ce qui suit est une fraction décimale ;

2º Qu'on écrit après ce *zéro* un *point*, appelé *point décimal*, qui marque la séparation de la partie entière du nombre d'avec la partie décimale.

MANIÈRE D'ÉNONCER LES FRACTIONS DÉCIMALES.

Il y a trois manières d'énoncer les fractions décimales :

La PREMIÈRE, qui est la plus suivie, consiste à lire la fraction comme un nombre entier, en exprimant l'espèce du dernier chiffre.

Dans 0.326, le dernier chiffre 6 exprimant des millièmes, on lira trois cent vingt-six *millièmes*.

Dans 0.06094, le dernier chiffre 4 exprimant des cent millièmes, on lira six mille quatre-vingt-quatorze *cent-millièmes*.

La SECONDE est de lire la fraction décimale, chiffre par chiffre, en énonçant la valeur de chacun. — D'après cela, 0.42563 s'énoncerait 4 dixièmes, 2 centièmes, 5 millièmes, 6 dix-millièmes, 3 cent-millièmes.

Enfin, la TROISIÈME est de lire la fraction comme nombre entier, en s'arrêtant au 3º, 6º et 9º chiffre, et en énonçant la valeur du dernier chiffre de chaque tranche. — D'après cela, 0.625546217 s'énoncerait 625 millièmes, 546 millionnièmes, 217 billionièmes.

Par imitation de ce qui a lieu dans les nombres entiers, les chiffres d'une fraction décimale peuvent être divisés en tranches de trois chiffres, de manière à avoir :

1ʳᵉ TRANCHE : dixièmes, centièmes, millièmes.

2ᵉ TRANCHE : dix millièmes, cent millièmes, millionièmes.

3ᵉ TRANCHE : dix millionièmes, cent millionièmes, billionièmes.

Mais l'apposition de la virgule entre ces tranches est généralement négligée. Cela tient aux différentes manières de lire et d'écrire les fractions décimales.

Règle générale : *Les fractions décimales s'écrivent comme des nombres entiers, en calculant toutefois le nombre de chiffres qu'elles doivent avoir sur l'espèce du dernier chiffre énoncé. Si la fraction ne fournit pas le nombre de chiffes voulus, on le complète par des zéros que l'on écrit à gauche de la fraction.*

Soit à écrire la fraction trois cent quatre-vingt-cinq millièmes. Après avoir reconnu que pour écrire des *millièmes* il faut *trois* chiffres, le millième étant une fraction de 3ᵉ ordre, et que le nombre entier 385 est composé de trois chiffres, on n'a rien a ajouter, et on écrit purement et simplement 0 *unités.* 385.

Soit maintenant à écrire la fraction trois cent quatre-vingt-cinq millionièmes. Après avoir reconnu que pour écrire des *millionièmes* il faut *six* chiffres (le millionième étant une fraction de 6e ordre), que le nombre entier 385 n'a que trois chiffres, et que par conséquent il en manque trois, on écrit *trois zéros* avant 385, afin que le dernier chiffre 5 exprime des millionièmes. De cette manière 0 *unités.* 000385.

Il en serait de même des fractions six centièmes, — sept millièmes, — quinze millièmes, — qu'on écrit 0.06 — 0.007 — 0.015 ; les nombres 6, 7 et 15 n'offrant pas les chiffres nécessaires à représenter des centièmes et des millièmes.

Échelle Décimale.

NOMBRES ENTIERS.												FRACTIONS DÉCIMALES.								
Billions.			Millions.			Mille.			Unités.			Millièmes			Millionièmes			Billionièmes		
Centaines	Dizaines	Unités	Centaines	Dizaines	Unités	Centaines	Dizaines	Unités	Centaines	Dizaines	Unités	Dixièmes	Centièmes	MILLIÈMES	Dix millièmes	Cent millièmes	MILLIONIÈMES	Dix millionièmes	Cent millionièmes	BILLIONIÈME
1	5	6	2	4	3	4	2	7	8	3	5	7	4	3	8	3	4	2	8	9

QUESTIONNAIRE.

Qu'est-ce qu'une fraction? — Qu'est-ce que la fraction décimale ? — Qu'est-ce qu'un dixième? qu'un centième? qu'un millième? qu'un dix millième? qu'un cent millième? qu'un millionième? — Pourquoi écrit-on un zéro et un point avant la fraction décimale? — Combien y a-t-il de manière d'énoncer une fraction décimale? — Quelle est la première? la deuxième? la troisième? — Les fractions décimales se divisent-elles par tranches? et cette division par tranches est-elle généralement suivie? — Quelle est la règle générale pour écrire les fractions décimales?

III. — Conséquences tirées de la numération décimale.

De ce que les chiffres ont deux valeurs, *la valeur absolue* et *la valeur relative;* de ce que dans la numération décimale les ordres d'unités sont de dix fois en dix fois plus grands ou de dix fois en dix fois plus petits les uns que les autres, il s'ensuit que toutes les fois qu'on porte le point *décimal* vers la gauche ou vers la droite, le nombre subit, dans tous ses chiffres, une augmentation ou une diminution de signification, de dix fois en dix fois plus grande ou de dix fois en dix fois plus petite.

Rendre un nombre 10 fois, 100 fois 1,000 fois, 10,000 fois plus grand.

Pour rendre un nombre *entier* 10 fois plus grand, il faut que le chiffre de ses unités passe au deuxième rang à gauche et exprime des dizaines; ce qu'on obtient en ajoutant *un zéro* à droite. De cette manière :

3,286   32,860

Pour rendre un nombre *décimal* 10 fois plus grand, il faut que le chiffre des unités exprime des dizaines ou que le chiffre des dixièmes exprime des unités; ce qu'on obtient en avançant le point décimal *d'un rang* vers la droite, après les dixièmes. De cette manière :

546.329   5,463.29

Pour rendre un nombre *entier* 100 fois plus grand, il faut que le chiffre des unités exprime des centaines et passe au troisième rang à gauche; ce qu'on obtient en ajoutant *deux zéros* à la droite du nombre. De cette manière :

3,286   328,600

Pour rendre un nombre *décimal* 100 fois plus grand, il faut que le chiffre des unités exprime des centaines, ou que le chiffre des centièmes exprime des unités; ce qu'on obtient en avançant le point décimal *de deux rangs* vers la droite, après les centièmes. De cette manière :

546.329   54,632.9

Pour rendre un nombre *entier* 1,000 fois plus grand, il faut que le chiffre des unités exprime des mille et passe au quatrième rang à gauche; ce qu'on obtient en ajoutant *trois zéros* à la droite du nombre. De cette manière :

3,286   3,286,000

Pour rendre un nombre *décimal* 1,000 fois plus grand, il faut que le chiffre des unités exprime des mille ou que le chiffre des millièmes exprime des unités; ce qu'on obtient en avançant le point décimal de *trois rangs* vers la droite, après les millièmes. De cette manière :

546,3296   546,329.6

En général, on rend un nombre entier 10 fois, 100 fois, 1,000 fois plus grand, en ajoutant à sa droite *un*, *deux*, *trois* zéros.

On rend un *nombre décimal* 10 fois, 100 fois, 1,000 fois plus grand, en avançant le *point d'un*, de *deux*, de *trois rangs* vers la droite; et s'il arrive qu'il n'y ait pas assez de chiffres pour porter le point à la place voulue, on ajoute autant de zéros qu'il y manque de chiffres. De cette manière :

374.64   3,746,400 (10,000 *fois plus grand*).

1º Rendre un nombre 10 fois, 100 fois, 1,000 fois plus petit.

Pour rendre un nombre 10 fois plus petit, il faut que le chiffre des dizaines exprime des unités ou que le chiffre des unités exprime des dixièmes; ce qu'on obtient en reculant le point décimal d'*un rang* vers la gauche, entre les unités et les dizaines. De cette manière :

386   38.6   386.49   38.649

Pour rendre un nombre 100 fois plus petit, il faut que le chiffre des centaines exprime des unités ou que le chiffre des unités exprime des centièmes; ce qu'on obtient en reculant le point décimal de *deux rangs* vers la gauche, entre les centaines et les dizaines. De cette manière :

386   3.86   386.49   3.8649

Pour rendre un nombre 1,000 fois plus petit, il faut que le chiffre des mille exprime des unités ou que le chiffre des unités exprime des millièmes; ce qu'on obtient en reculant le point de *trois rangs* vers la gauche, entre les mille et les centaines. De cette manière :

306   0.306   8,386.49   8.38649

En général, on rend un nombre (entier ou décimal) 10 fois, 100 fois, 1,000 fois plus petit, en reculant le point décimal d'*un*, de *deux*, de *trois rangs* vers la gauche, et s'il arrive qu'il n'y ait pas assez de chiffres, on écrit à gauche du nombre autant de *zéros* qu'il y manque de chiffres. De cette manière :

386.5   0.003865 (*100,000 fois plus petit*).

QUESTIONNAIRE.

Quelle conséquence peut-on tirer de la numération décimale ? — Comment fait-on pour rendre un nombre entier 10 fois plus grand ? — Comment fait-on pour rendre un nombre décimal 10 fois plus grand ? — Par quel moyen rend-on un nombre entier 100 fois plus grand ? — Par quel moyen rend-on un nombre décimal 100 fois plus grand ? — Comment fait-on pour rendre un nombre entier 1,000 fois plus grand ? — Comment fait-on pour rendre un nombre décimal 1,000 fois plus grand ? — En général, par quel moyen rend-on un nombre entier 10 fois, 100 fois, 1,000 fois plus grand ? — En général, par quel moyen rend-on un nombre décimal 10 fois, 100 fois, 1,000 fois plus grand ? — Et s'il n'y a pas assez de chiffres pour porter le point au rang voulu, vers la droite, comment procède-t-on ? — Comment rend-on un nombre 10 fois plus petit ? — Comment rend-on un nombre 100 fois plus petit ? — Comment rend-on un nombre 1,000 fois plus petit ? — En général, comment rend-on un nombre 10 fois, 100 fois, 1,000 fois plus petit ? — Et s'il n'y a pas assez de chiffre pour porter le point au rang voulu, vers la gauche, comment procède-t-on ?

L'ARITHMÉTIQUE comprend quatre opérations fondamentales.

Ces quatre opérations sont : l'*Addition*, la *Soustraction*, la *Multiplication* et la *Division*.

Deux servent à composer les nombres ; ce sont : l'*addition* et la *multiplication*.

Deux servent à les décomposer ; ce sont : la *soustraction* et la *division*.

Toute opération offre quatre objets à considérer : 1° la *définition* ; 2° la *règle* ; 3° l'*exemple* ; 4° la *preuve*.

La *définition* indique le but de l'opération.

La *règle* donne la marche à suivre pour effectuer l'opération.

L'*exemple* sert à appliquer la *règle*, à la rendre plus claire, plus intelligible.

La *preuve* sert à vérifier l'exactitude du résultat.

DES SIGNES D'ARITHMÉTIQUE.

Pour tracer d'une manière plus claire et plus précise l'ensemble des opérations à effectuer dans la solution des problèmes, on emploie ordinairement certains *signes* conventionnels qui abrègent et simplifient l'opération en remplaçant les *mots*.

Ces signes sont : $=$ qui marque l'*égalité*; $+$ qui marque l'*addition*; $-$ qui marque la *soustraction*; $\times$ qui marque la *multiplication*; $\frac{24}{5}$ qui marque la *division* de 24 par 5.

QUESTIONNAIRE.

Combien l'Arithmétique renferme-t-elle d'opérations fondamentales ? — Quelle sont ces quatre opérations ? — Quelles sont celles qui servent à composer les nombres ? — Quelles sont celles qui servent à les décomposer ? — Combien de parties doit-on considérer dans toute opération ? — Qu'est-ce que la définition ? — La règle ? — L'exemple ? — La preuve ? — Quels sont les signes d'Arithmétique ? — A quoi servent-ils ?

Chapitre Troisième.

L'ADDITION.

Définition. — L'addition est une opération par laquelle deux ou *plusieurs* nombres de même espèce étant donnés, on les réunit en un *seul* qu'on appelle SOMME ou TOTAL.

Règle générale : *Pour faire l'addition on écrit les nombres les uns au-dessous des autres, de telle sorte que les unités de même ordre se correspondent, c-à-d., que les unités soient sous les unités, les dizaines sous les dizaines, les centaines sous les centaines, et on souligne le tout par un trait au-dessous duquel on inscrit le résultat. Cela posé, on fait le total de chaque ordre ou colonne d'unité, en commençant par la droite, et à chaque fois on écrit au-dessous le nombre d'unités, de dizaines ou de centaines obtenues. S'il surpasse 9, alors il est composé de plusieurs chiffres représentant différents ordres d'unités; dans ce cas on écrit seulement sous la colonne le chiffre de droite et on retient celui ou ceux de gauche pour en faire l'addition avec la colonne suivante. Arrivé au dernier rang, on écrit hors* *ligne la partie qu'on aurait retenue, et l'ensemble des chiffres ainsi obtenus, lus de gauche à droite avec leur valeur relative, exprime* le TOTAL.

NOTA. — On doit ajouter la retenue *au premier chiffre de la colonne,* de crainte de l'oublier.

<table>
<tr><td colspan="2">PREMIER EXEMPLE.</td><td colspan="2">DEUXIÈME EXEMPLE.</td></tr>
</table>

123	5,300
233	3,200
310	4,000
211	8,700
102	1,900

Total.... 979 unités.   Total.... 23,100 unités.

Unités : total 9. J'écris 9 au-dessous de la colonne.

Dizaines : total 7. J'écris 7 au-dessous de la colonne.

Centaines : total 9. J'écris 9 au-dessous de la colonne.

J'ai pour résultat ou total 979 unités.

Unités : total 0. J'écris 0 au-dessous de la colonne.

Dizaines : total 0. J'écris 0 au-dessous de la colonne.

Centaines : total 21. J'écris 1 et je *retiens* 2 que je porte aux mille.

Mille : total 23 y compris 2 de retenue. J'écris 3 au-dessous et *j'avance* 2 hors ligne, n'ayant plus de colonne à additionner.

<table>
<tr><td>TROISIÈME EXEMPLE.</td><td>QUATRIÈME EXEMPLE.</td></tr>
</table>

41,804	49
24,273	645
37,638	2,023
85,765	593,547

Total.... 189,480 unités.   Total.... 596,264 unités.

Unités : total 20. J'écris 0 au-dessous et je retiens 2 que je porte aux dizaines.

Dizaines : total 18 y compris 2 de retenue. J'écris 8 au-dessous et je retiens 1 que je porte aux centaines.

Centaines : total 24 y compris 1 de retenue. J'écris 4 au-dessous et je retiens 2 que je porte aux unités de mille.

{ *Unités :* total 19 y compris 2 de retenue. J'écris 9 au-dessous et je retiens 1 que je porte aux dizaines de mille.
{ *Dizaines :* total 18 y compris 1 de retenue. J'écris 8 au-dessous et j'avance 1 hors ligne n'ayant plus de colonne à additionner.
(mille.)

Unités : total 24. J'écris 4 au-dessous et je retiens 2 que je porte aux dizaines.

Dizaines : total 16 y compris 2 de retenue. J'écris 6 au-dessous et je retiens 1 que je porte aux centaines.

Centaines : total 12 y compris 1 de retenue. J'écris 2 au-dessous et je retiens 1 que je porte aux unités de mille.

{ *Unités :* total 6 y compris 1 de retenue. J'écris 6 au-dessous.
{ *Dizaines :* total 9. J'écris 9 au-dessous de la colonne.
{ *Centaines :* total 5. J'écris 5 au-dessous de la colonne.
(mille.)

ADDITION DES NOMBRES DÉCIMAUX.

L'addition des *nombres décimaux* et des *fractions décimales* se fait de la même manière que celle des nombres entiers, en écrivant les unes au-dessous des autres les fractions de même ordre, la partie entière sous la partie entière, et la partie décimale sous la partie décimale, et en ayant soin de *maintenir* au total le *point* décimal entre les unités et les dixièmes, c'est-à-dire *en ligne* de la colonne de points déjà existante.

<table>
<tr><td>PREMIER EXEMPLE.</td><td>DEUXIÈME EXEMPLE.</td></tr>
<tr><td>0.3213
0.5332
0.1587
0.4671
0.6594</td><td>47.238
65.96
4.2439
0.47
6.85</td></tr>
<tr><td>Total.... 2.1397</td><td>Total.... 124.7619</td></tr>
</table>

Dix-millièmes : total 17. J'écris 7 au-dessous et je retiens 1 que je porte aux millièmes.

Millièmes : total 29. J'écris 9 au-dessous et je retiens 2 que je porte aux centièmes.

Centièmes : total 23 y compris 2 de retenue. J'écris 3 au-dessous et je retiens 2 que je porte aux dixièmes.

Dixièmes : total 21 y compris 2 de retenue. J'écris 1 au-dessous et j'avance 2 vis-à-vis la colonne des unités, et j'ai pour total de ces cinq fractions :

2 *unités* 1397 *dix-millièmes.*

Dix-millièmes : Total 9. J'écris 9 au-dessous.

Millièmes : Total 11. J'écris 1 au-dessous, et je retiens 1 que je porte aux centièmes.

Centièmes : Total 26 y compris 1 de retenue. J'écris 6 au-dessous, et je retiens 2 que je porte aux dixièmes.

Dixièmes : Total 27 y compris 2 de retenue. J'écris 7 au-dessous, et je retiens 2 que je porte aux unités.

Unités : Total 24 y compris 2 de retenue. J'écris 4 au-dessous, et je retiens 2 que je porte aux dizaines.

Dizaines : Total 12 y compris 2 de retenue. J'écris 2 au-dessous et j'avance 1 hors ligne, n'ayant plus de colonne à additionner.

Et j'ai pour total :

124 *unités* 6719 *dix-millièmes.*

On peut, si l'on veut, compléter par des *zéros*, des *points* ou des *guillemets* (»), les vides causés dans la partie décimale par l'absence de certains ordres de fractions; mais cette manière d'opérer n'apporterait aucune simplification et serait contraire à la *pratique.*

PREUVE.

Parmi les moyens connus pour vérifier l'exactitude d'une addition, le plus simple, et par conséquent le meilleur, consiste à refaire l'opération de bas en haut, ou de haut en bas, comme la première fois. Lorsqu'on obtient le même résultat, l'opération est bonne.

Les personnes exercées n'en font jamais d'autre. Mais il est bon de faire connaître la suivante, qui a l'avantage de se faire avec l'*addition* elle-même. Cette preuve consiste à additionner les nombres donnés en deux fois et à joindre ensemble les deux totaux obtenus partiellement. S'ils reproduisent exactement le total de l'opération première, celle-ci est *bonne*.

A additionner :

325,642.24
96,503.17
647,067.88
116,550.05
234,914.73

Total..... 1,420,678.07

PREUVE.

1re addition partielle.	2e addition partielle.		
325,642.24	96,503.17	1er total partiel..	972,710.12
	116,550.05	2me total partiel.	447,967.95
647,067.88	234,914.73		
Total.. 972,710.12	Total.. 447.967.95	Total égal au 1er.	1,420,678.07

QUESTIONNAIRE.

Qu'est-ce que l'Addition ? — Qu'appelle-t-on somme ou total ? — Exposez la règle générale pour faire l'addition ? — Comment dispose-t-on les nombres ? — Si le total d'une colonne surpasse 9, que fait-on ? — Pourquoi commence-t-on l'addition par la droite ? — Que fait-on de la retenue lorsqu'il ne reste plus de colonne à additionner ? — De quelle manière se fait l'addition des nombres décimaux ? — Que peut-on faire relativement aux vides causés par l'absence de certains ordres de fractions décimales ? — Quel est le moyen le plus simple pour faire la preuve d'une addition ? — N'y a-t-il pas un autre moyen aussi très-simple de faire la preuve ?

Chapitre Quatrième.

LA SOUSTRACTION.

Définition. — La Soustraction est une opération par laquelle deux nombres de même espèce étant donnés, *on ôte* le plus petit du plus grand pour connaître la *différence* qui existe entre eux.

Cette *différence* se nomme aussi reste ou excès.

Règle générale : *Pour faire une soustraction, on écrit le nombre plus petit au-dessous du nombre plus grand ; de telle sorte que les unités de même espèce se correspondent, et on souligne le tout par un trait. Cela posé, on ôte les unités du nombre plus petit des unités du nombre plus grand, les dizaines des dizaines, les centaines des centaines, etc., etc., et on écrit au-dessous de chaque colonne les chiffres ainsi obtenus.*

L'ensemble de ces chiffres, lus avec leur valeur relative, exprime la différence ou le reste cherché.

PREMIER EXEMPLE.	DEUXIÈME EXEMPLE.
De 367,649	De 158,287
Oter 235,133	Oter 48,232
Reste..... 132,516	Reste..... 110,035

Unités : 3 ôté de 9, reste 6. J'écris 6 au-dessous.
Dizaines : 3 ôté de 4, reste 1. J'écris 1 au-dessous.
Centaines : 1 ôté de 6, reste 5. J'écris 5 au-dessous.
(mille.) *Unités :* 5 ôté de 7, reste 2. J'écris 2 au-dessous.
Dizaines : 3 ôté de 6, reste 3. J'écris 3 au-dessous.
Centaines : 2 ôté de 3, reste 1. J'écris 1 au-dessous.
Et j'ai pour reste 132,516 unités.

Unités : 2 ôté de 7, reste 5. J'écris 5 au-dessous.
Dizaines : 3 ôté de 6, reste 3. J'écris 3 au-dessous.
Centaines : 2 ôté de 2, reste 0. J'écris 0 au-dessous.
(mille.) *Unités :* 8 ôté de 8, reste 0. J'écris 0 au-dessous.
Dizaines : 4 ôté de 5, reste 1. J'écris 1 au-dessous.
Centaines : rien ôté de 1, reste 1. J'écris 1 au-dessous.
Et j'ai pour reste 110,035 unités.

DIFFICULTÉ.

Dans la *Soustraction* il arrive souvent que certains chiffres du nombre inférieur sont PLUS FORTS que ceux qui leur correspondent dans le nombre supérieur. Dans ce cas, *pour rendre la soustraction possible*, et attendu : QUE LA DIFFÉRENCE ENTRE DEUX NOMBRES RESTE LA MÊME LORSQU'ON AUGMENTE CHACUN D'EUX DE LA MÊME QUANTITÉ, on renforce de *dix unités* de son espèce le chiffre trop faible, à la charge d'augmenter le chiffre suivant du nombre écrit au-dessous d'*une unité*, laquelle équivaudra aux 10 unités ajoutées au nombre supérieur. Ce qui veut dire :

Que si l'on ajoute 10 *unités* aux unités du nombre supérieur, il faut ajouter 1 *dizaine* aux dizaines du nombre inférieur (1 dizaine équivalant à 10 unités.)

Que si l'on ajoute 10 *dizaines* aux dizaines le nombre supérieur, il faut ajouter 1 *centaine* aux centaines du nombre inférieur (1 centaine équivalant à 10 dizaines.)

Que si l'on ajoute 10 *centaines* aux centaines du nombre supérieur, il faut ajouter 1 *unité de mille* aux unités de mille du nombre inférieur (1 unité de mille équivalant à 10 centaines), etc.

De   318,725
Oter 295,643

RESTE........ 23,082 unités.

De   800,600
Oter 736,548

RESTE........ 64,052 unités.

Unités : 3 ôté de 5, reste 2. J'écris 2 au-dessous.

Dizaines : 4 ôté de 2, *ne se peut* ; j'ajoute 10, ce qui fait 12, et je dis : 4 ôté de 12, reste 8. J'écris 8 au-dessous.

Centaines : 1 et 6 font 7 ; 7 ôté de 7, reste 0. J'écris 0 au-dessous.

mille.
{
Unités : 5 ôté de 8, reste 3. J'écris 3 au-dessous.

Dizaines : 9 ôté de 1, *ne se peut* ; j'ajoute 10, ce qui fait 11, et je dis : 9 ôté de 11, reste 2. J'écris 2 au-dessous.

Centaines : 1 et 2 font 3 ; 3 ôté de 3, reste 0. Je n'écris *rien* au-dessous, le zéro étant inutile à la gauche d'un nombre entier.
}

Unités : 8 ôté de 0, *ne se peut* ; j'ajoute 10 et je dis : 8 ôté de 10, reste 2. J'écris 2 au-dessous.

Dizaines : 1 et 4 font 5 ; 5 ôté de 0, *ne se peut* ; j'ajoute 10 et je dis : 5 ôté de 10, reste 5. J'écris 5 au-dessous.

Centaines : 1 et 5 font 6 ; 6 ôté 6, reste 0. J'écris 0 au-dessous.

mille.
{
Unités : 6 ôté de 0, *ne se peut* ; j'ajoute 10 et je dis : 6 ôté de 10, reste 4. J'écris 4 au-dessous.

Dizaines : 1 et 3 font 4 ; 4 ôté de 0, *ne se peut* ; j'ajoute 10, et je dis : 4 ôté de 10, reste 6. J'écris 6 au-dessous.

Centaines : 1 et 7 font 8 ; 8 ôté de 8, reste 0. J'écris *rien* au-dessous, le zéro étant inutile à la gauche d'un nombre entier.
}

SOUSTRACTION DES NOMBRES DÉCIMAUX.

La soustraction des *nombres décimaux* et des *fractions décimales* se fait de la même manière que celle des nombres entiers, en ayant soin de maintenir dans le RESTE le point décimal entre les unités et les dixièmes, verticalement *en ligne* de la colonne de points déjà existante.

De plus, s'il arrive, comme dans l'exemple qui va suivre, que la partie décimale du nombre supérieur ait moins de chiffres que la partie décimale du nombre inférieur écrite au-dessous, *on y suppose des zéros.*

De 1,385.83	De 804.7oo
Oter 964.57	Ôter 576.249
RESTE..... 421.26	RESTE..... 228.451

Centièmes : 7 ôté de 3, *ne se peut;* j'ajoute 10, ce qui fait 13, et je dis : 7 ôté de 13, reste 6. J'écris 6 au-dessous.
Dixièmes : 1 et 5 font 6; 6 ôté de 8, reste 2. J'écris 2 au-dessous.
Unités : 4 ôté de 5, reste 1. J'écris 1 au-dessous, etc.

Millièmes : 9 ôté de *rien*, *ne se peut;* j'ajoute 10 et je dis : 9 ôté de 10, reste 1. J'écris 1 au-dessous.
Centièmes : 1 et 4 font 5; 5 ôté de *rien ne se peut;* j'ajoute 10 et je dis : 5 ôté de 10, reste 5. J'écris 5 au-dessous.
Dixièmes : 1 et 2 font 3; 3 ôté de 7, reste 4. J'écris 4 au-dessous, etc.

PREUVE.

En considérant le nombre inférieur et le *reste* comme représentant le nombre supérieur en *deux parties* distinctes, on arrive à un moyen fort simple de vérifier l'exactitude d'une SOUSTRACTION.

Ce moyen consiste à faire le total du *reste* et du *nombre soustrait.* Si ce total égale le nombre supérieur, l'opération est *bonne.* De cette manière :

De 9	De 138	De 35,846.47
Oter 5	Oter 91	Oter 28,675.38
Reste... 4	Reste.. 47	Reste.... 7,171.09
PREUVE... 9	PREUVE.. 138	PREUVE....... 35,846.47

QUESTIONNAIRE.

Qu'est-ce que la Soustraction? — Qu'appelle-t-on différence, reste ou excès? — Quelle est la règle générale pour faire la soustraction? — Quelle difficulté peut se présenter dans une soustraction? — Comment remédie-t-on à cette difficulté? — Lorsqu'on ajoute dix unités au nombre supérieur, de combien faut-il augmenter le nombre écrit au-dessous? — Sur quoi s'appuie-t-on pour agir ainsi? — Comment se fait la soustraction des nombres décimaux? — Que fait-on lorsque la partie décimale du nombre inférieur a moins de chiffres que la partie décimale du nombre supérieur? — Où doit-on placer le point décimal dans le reste? — Comment fait-on la preuve de la soustraction? — Sur quoi est fondée cette preuve?

Chapitre Cinquième.

LA MULTIPLICATION.

Définition. — La MULTIPLICATION est une opération par laquelle *deux nombres étant donnés*, on en forme *un troisième* qui est composé du premier comme le second est composé de l'*unité*.

Des deux nombres donnés, l'un s'appelle *multiplicande*, et l'autre *multiplicateur*.

Le *nombre* formé du premier, selon la valeur numérique du second, s'appelle le PRODUIT.

Le MULTIPLICANDE est celui des deux nombres donnés que le sens indique comme *devant être multiplié*.

Le MULTIPLICATEUR est celui des deux nombres donnés que le sens indique comme *devant multiplier* l'autre.

Considérés par rapport au *produit*, les deux nombres donnés reçoivent la dénomination générale de FACTEURS DU PRODUIT, parce que l'un par l'autre *ils font le produit*.

Suivant que le multiplicateur est composé d'*un* ou de *plusieurs* chiffres significatifs, l'opération est plus simple ou plus compliquée. Cette différence conduit à distinguer : 1° les multiplications par un facteur simple ; 2° les multiplications par un facteur composé de plusieurs chiffres significatifs.

Mais avant d'effectuer des multiplications, il est indispensable de savoir parfaitement les produits d'un chiffre par un chiffre, lesquels font l'objet de la *table* suivante :

TABLE DE MULTIPLICATION.

2	fois	2	font	4	4	fois	4	font	16	7	fois	7	font	49
2	»	3	»	6	4	»	5	»	20	7	»	8	»	56
2	»	4	»	8	4	»	6	»	24	7	»	9	»	63
2	»	5	»	10	4	»	7	»	28					
2	»	6	»	12	4	»	8	»	32	8	fois	8	font	64
2	»	7	»	14	4	»	9	»	36	8	»	9	»	72
2	»	8	»	16										
2	»	9	»	18	5	fois	5	font	25	9	fois	9	font	81
					5	»	6	»	30					
					5	»	7	»	35					
3	fois	3	font	9	5	»	8	»	40	10	fois	10	font	100
3	»	4	»	12	5	»	9	»	45	10	»	100	font	1,000
3	»	5	»	15						100	»	100	»	10,000
3	»	6	»	18	6	fois	6	font	36	1000	»	1000	»	1,000,000
3	»	7	»	21	6	»	7	»	42					
3	»	8	»	24	6	»	8	»	48					
3	»	9	»	27	6	»	9	»	54					

On voit que les multiplications d'un chiffre par un chiffre sont une affaire de mémoire, et que vouloir obtenir autrement le résultat, conduirait à écrire le multiplicande (quel que soit le nombre de ses chiffres) autant de fois au-dessus de lui-même qu'il y a d'unités dans le multiplicateur, et à faire ensuite le total. Ce qui prouve que *la multiplication n'est qu'une addition abrégée.*

I. — MULTIPLICATION PAR UN FACTEUR D'UN SEUL CHIFFRE.

Règle générale : *Pour effectuer une multiplication par un facteur simple, on multiplie chaque chiffre du multiplicande par le chiffre du multiplicateur, en ayant soin, s'il y a lieu, comme dans l'addition, de faire passer les retenues des unités aux dizaines, des dizaines aux centaines, des centaines aux mille. L'ensemble des chiffres obtenus exprime le produit.*

Soit à multiplier 3,967 par 5.

Multiplicande.. 3,967 | facteurs
Multiplicateur.   5 | du produit

Produit..... 19,835 unités.

Unités : 5 fois 7 font 35. J'écris 5 et je retiens 3.
Dizaines : 5 fois 6 font 30 et 3 de retenue font 33. Je pose 3 et je retiens 3.
Centaines : 5 fois 9 font 45 et 3 de retenue font 48. Je pose 8 et je retiens 4.

Résultat au moyen de l'*addition :*

```
3,967
3,967
3,967
3,967
3,967
```

TOTAL. 19,835 unités, égal au produit.

Mille : 5 fois 3 font 15 et 4 de retenue font 19. Je pose 9 et j'avance 1.

Cet exemple fait ressortir :

1° Que les additions de nombres égaux entre eux se traduisent par la multiplication ;

2° Que les additions ne s'effectuent que sur des nombres de valeur inégale.

II. — MULTIPLICATIONS PAR UN FACTEUR DE PLUSIEURS CHIFFRES SIGNIFICATIFS.

Règle générale : *Pour effectuer la multiplication par un facteur composé de plusieurs chiffres significatifs, il faut multiplier tout le multiplicande par chaque chiffre du multiplicateur en commençant par les unités, puis avoir soin de placer les produits partiels ainsi obtenus les uns au-dessous des autres, de façon que les unités de même espèce se correspondant verticalement, ce qui revient à reculer le premier chiffre obtenu de chaque produit partiel d'un rang vers la gauche par rapport au produit partiel sous lequel on l'écrit. On fait ensuite le total de ces différents produits et on a le produit total, c'est-à-dire le* PRODUIT.

Soit à multiplier 8,654 par 375.

MULTIPLICANDE............	8654	facteurs du produit.
MULTIPLICATEUR...........	375	

1ᵉʳ Produit partiel........	43270	par les *unités* du multip^r.
2ᵉ Produit partiel..... ...	60578	par les *dizaines* du multip^r.
3ᵉ Produit partiel........	25962	par les *centaines* du multip^r.

PRODUIT................ 3245250

On remarquera que si le premier chiffre du second produit partiel est placé sous les *dizaines* du premier produit partiel, c'est parce qu'on a multiplié par des *dizaines*.

De même, si le premier chiffre du troisième produit partiel est écrit sous les *centaines* du premier produit partiel, c'est parce qu'on a multiplié par des *centaines*.

CAS PARTICULIERS.

Manière d'opérer lorsque le Multiplicateur renferme un ou plusieurs zéros intermédiaires.

Règle. — Lorsqu'il se trouve un ou plusieurs zéros entre les chiffres significatifs du multiplicateur, *on les passe*, mais on a soin d'écrire le premier chiffre obtenu du produit partiel suivant au-dessous des unités de son espèce; ce qui revient à reculer ce premier chiffre vers la gauche *d'autant de rang* PLUS UN qu'il y a de zéros intermédiaires.

Soit 6,928 à multiplier par 3,008.

$$
\begin{array}{r}
6928 \\
3008 \\
\hline
55424 \\
20784\ldots \\
\hline
20839424
\end{array}
$$

EXPLICATION : — J'écris le premier chiffre du second produit partiel *sous les unités* de mille, parce que des *unités* multipliées par des *mille* donnent au moins des *mille;* ce qui revient à reculer le premier chiffre obtenu du second produit partiel (qui est 4 mille) sous les *unités de mille* du premier produit partiel, c'est-à-dire de *deux rangs* plus *un* (trois) vers la gauche.

Manière d'opérer lorsqu'un des facteurs seulement ou les deux facteurs sont terminés par un ou plusieurs zéros.

Règle. — Lorsqu'un facteur ou les deux facteurs sont terminés par des *zéros*, on fait l'opération en *négligeant* d'abord les zéros, sauf ensuite à les ajouter au produit en nombre égal à ceux de chaque facteur.

PREMIER EXEMPLE.	DEUXIÈME EXEMPLE.
Soit à multiplier 8,000 par 7.	Soit à multiplier 46,000 par 2,700.

PREMIER EXEMPLE.

$$
\begin{array}{r}
8000 \\
7 \\
\hline
56\text{·}000 \text{ unités.}
\end{array}
$$

DEUXIÈME EXEMPLE.

$$
\begin{array}{r}
46000 \\
2700 \\
\hline
322 \\
92 \\
\hline
1242\text{·}000\text{·}00 \text{ unités}
\end{array}
$$

Explication du 1ᵉʳ exemple. — En négligeant les *trois* zéros du multiplicande 8,000, le chiffre 8 au lieu d'exprimer 8 *unités de mille* n'exprime plus que 8 *unités simples*. D'après les conséquences de la numération décimale, le nombre 8,000 est rendu 1,000 fois plus petit. Le Produit 56 unités simples étant formé d'unités 1,000 fois trop petites, *est lui-même* 1,000 *fois trop petit*. (1) On le ramènera à sa valeur réelle en lui faisant exprimer 56 *unités de mille* au lieu de 56 *unités simples*, c'est-à-dire en le rendant 1,000 fois plus grand, c'est-à-dire en ajoutant au produit *les trois zéros négligés* du multiplicande. — 56,000.

Explication du 2ᵉ exemple. — En négligeant les *trois zéros* du multiplicande 46,000, le nombre 46 au lieu d'exprimer 46 *unités de mille* n'exprime plus que 46 *unités simples*. D'après les conséquences de la numération décimale, il est rendu 1,000 fois plus petit. Le produit 1,242 *unités simples* étant formé d'unités 1,000 fois trop petites, est lui-même 1,000 fois trop petit. On le ramènera à sa valeur réelle en lui faisant exprimer 1,242 *unités de mille* au lieu de 1242 *unités simples*, c'est-à-dire en le rendant 1,000 fois plus grand, c'est-à-dire en écrivant à sa droite les *trois zéros négligés* du multiplicande.

En négligeant les *deux zéros* du multiplicateur 2,700 il arrive que le produit 1242000 est formé seulement de 27 fois le multiplicande au lieu des 27 *centaines* de fois exigées par le multiplicateur 2,700. Le produit est donc encore 100 fois *trop petit* puisqu'il doit exprimer 1,242,000 *centaines*, et qu'il n'exprime que 1,242,000 *unités*. On le ramènera à sa valeur réelle en le rendant 100 fois plus grand, c'est-à-dire en écrivant à la droite de 1,242,000 les *deux zéros* négligés du multiplicateur. De cette manière : 124,2⸳00,0⸳00 unités.

On ramènera donc le produit 1242 (obtenu en négligeant les zéros du multiplicande et de multiplicateur), a sa valeur réelle en écrivant à sa droite les *cinq zéros* négligés dans l'un et dans l'autre de ces facteurs.

Règle. — On peut *intervertir* l'ordre des facteurs, quel qu'en soit le nombre, la valeur du produit n'en sera pas *altérée*.

En effet,

$$8 \times 5 \text{ ou } 5 \times 8 = 40 \qquad 9 \times 3 \text{ ou } 3 \times 9 = 27$$
$$7 \times 8 \text{ ou } 8 \times 7 = 56 \qquad 6 \times 5 \text{ ou } 5 \times 6 = 30$$

---

(1) C'est ici le lieu de remarquer : 1o que rendre le multiplicande *ou* le multiplicateur 10, 100, 1,000 fois plus *grand* ou plus *petit*, c'est rendre le produit 10, 100 1,000 fois plus *grand* ou plus *petit*;

2o Que rendre le multiplicande *et* le multiplicateur 10, 100, 1,000 fois plus *grand* ou plus *petit*, c'est rendre le produit 100, 10,000, 1,000,000 fois plus *grand* ou plus *petit*, ce qui prouve que les effets sont *directs* et se *multiplient*.

De même,

$9 \times 5 \times 7 = 315$	9	9	5	5	7	7
$9 \times 7 \times 5 = 315$	5	7	9	7	9	5
$5 \times 9 \times 7 = 315$	—	—	—	—	—	—
$5 \times 7 \times 9 = 315$	45	63	45	35	63	35
$7 \times 9 \times 5 = 315$	7	5	7	9	5	9
$7 \times 5 \times 9 = 315$	315	315	315	315	315	315

Le produit 315 est donc le produit invariable des facteurs $9 \times 5 \times 7$ dans quel ordre qu'on les multiplie.

REMARQUE. — Avant de passer à la multiplication des nombres décimaux, il est bon de remarquer que *multiplier un nombre par* 10, 100, 1,000, etc., c'est lui appliquer les conséquences de la numération décimale, c'est-à-dire le *rendre* 10, 100, 1,000 *fois plus grand*.

MULTIPLICATION DES NOMBRES DÉCIMAUX.

Règle. — La multiplication des nombres décimaux se fait comme celle des nombres entiers, en ayant soin de séparer à la droite du produit autant de chiffres décimaux qu'il y en a dans les deux facteurs.

PREMIER EXEMPLE.	DEUXIÈME EXEMPLE.
Soit à multiplier 734.26 par 4 :	Soit à multiplier 34.27 par 4.5 :
734.26	34.27
4	4.5
———	———
293704	17135
Produit réel : 2937.04,	13708
	———
	154,215
	Produit réel : 154.215.

1er EXEMPLE. — En considérant le multiplicande 7342.26 *centièmes* comme exprimant 3,426 *unités*, le produit 293704 *unités* est 100 fois *trop grand*, puisqu'étant formé de *centièmes* il doit reproduire des *centièmes* et non des *unités*. Le produit 73426 unités sera ramené à sa valeur réelle lorsqu'on l'aura rendu 100 fois *plus petit*, c'est-à-dire, lorsque le dernier chiffre 4 *unités* exprimera 4 *centièmes* ou que le chiffre 7 *centaines* exprimera 7 *unités*, c'est-à-dire, lorsqu'on aura séparé à sa droite deux chiffres (dixièmes et centièmes), autant qu'il y en a dans le multiplicande. — 2937 *unités* 04.

EXPLICATION DU 2e EXEMPLE. — En considérant le multiplicande et le multiplicateur comme nombres *entiers*, le produit 154,215 *unités* est 100 *fois trop grand* d'après le multiplicande 34 *unités* 27, pris d'abord comme exprimant 3427 *unités*. Le produit est de plus rendu 10 fois × 100 fois, c'est-à-dire 1,000 fois trop grand, d'après le multiplicateur 4, *unités* 5, pris d'abord comme exprimant 45 *unités*. En sorte, que le produit 154,215 est 1000 fois trop grand. Il sera rendu à sa valeur réelle, en le rendant 100 *fois plus petit*, c'est-à-dire en faisant que le chiffre 5 *unités* exprime 5 *millièmes*, c'est-à-dire en séparant à la droite du produit 154,215 *trois chiffres décimaux* (dixièmes, centièmes et millièmes) autant qu'il y en a dans les deux facteurs. — 154 *unités* 215. Au surplus 7 centièmes × 5 dixièmes, donne des *dixièmes de centièmes*, c'est-à-dire des *millièmes*, et tout produit qui a des *millièmes* a trois chiffres décimaux. Ce produit est donc terminé par *trois* décimales.

PREUVE DE LA MULTIPLICATION.

On fait la preuve de la multiplication en intervertissant l'ordre des facteurs, c'est-à-dire, en faisant du multiplicande le multiplicateur, et du multiplicateur le multiplicande.

Soit à multiplier 724 par 542 :

724		542
542		724
1448	PREUVE	2168
2896		1084
3620		3794
392,408		392,408

REMARQUE POUR PASSER A LA DIVISION.

De ce qu'il n'y a point de chiffre significatif plus petit que 1, ni plus grand que 9, il résulte :

1º Qu'un produit partiel quelconque, étant formé de au moins 1 fois le multiplicande ne peut être plus petit que le multiplicande;

2º Qu'un produit partiel quelconque, étant formé de au plus 9 fois le multiplicande, ne peut être 10 fois aussi grand que le multiplicande.

Si donc on multiplie le nombre 467 par n'importe lequel des neuf chiffres significatifs, représentant tels ordres d'unités qu'il plaira, aucun des produits ne pourra être plus petit que 467, ni 10 fois aussi grand, c'est-à-dire, ne pourra égaler 467 $\times$ 10 ou 4670.

467	467	467	467	467	467	467	467	467
1	2	3	4	5	6	7	8	9
467	934	1401	1868	2335	2802	3269	3736	4203

$$+\ 467$$
$$=\ 4670 \text{ ou } 467 \times 10.$$

Ces *neuf* produits partiels exprimeront tour-à-tour des *unités*, des *dizaines*, des *centaines*, des *mille*, etc., suivant que le chiffre-multiplicateur exprimera ou des *unités*, ou des *dizaines*, ou des *centaines*, ou des *mille*; mais aucun de ces différents produits partiels, quels qu'ils soient, en sera numériquement inférieur au multiplicande, ni 10 fois aussi grand.

On remarquera aussi que le produit 1868, par exemple, formé de 4 fois 467, ou de 467 fois 4, contient le nombre 467 : 4 fois, ou contient le nombre 4 : 467 fois.

Ce qui permet de se faire les deux questions et les deux réponses suivantes :

1º Combien de fois le produit 1868 contient-il le facteur 467? — Réponse : 4 fois.

2º Combien de fois le produit 1868 contient-il le facteur 4? — Réponse : 467 fois.

QUESTIONNAIRE.

Qu'est-ce que la multiplication? — Qu'est-ce que le multiplicande? — Qu'est-ce que le multiplicateur? — Qu'appelle-t-on produit? — Qu'appelle-t-on facteurs du produit? — Qu'est-ce qu'un facteur simple? — Qu'est-ce qu'un facteur composé? — Récitez la table de multiplication? — Quelle différence y a-t-il entre la multiplication et l'addition? — Quelle est la règle générale pour faire une multiplication par un facteur simple? — Par un facteur composé? — Quels sont les difficultés particulières qui se produisent dans la multiplication? — Que fait-on lorsque le multiplicateur a des zéros intermédiaires? — Que fait-on lorsque l'un des facteurs ou les deux facteurs sont terminés par des zéros? — Si l'on rend le multiplicande ou les multiplicateur 10 fois, 100 fois, 1,000 fois plus grand ou plus petit qui devient le produit? — Si l'on rend le multiplicande et le multiplicateur 10 fois, 100 fois, 1,000 fois plus grands ou plus petits, que devient le produit? — En intervertissant l'ordre des facteurs qu'advient-

il au produit? — Comment se fait la multiplication des nombres décimaux? — Comment se fait la preuve de la multiplication? — Que doit être numériquement un produit partiel?

Chapitre Sixième.
LA DIVISION.

Définition. — La division est une opération par laquelle un *produit* (60) étant donné et un de ses facteurs (15), on trouve l'autre facteur (4), en cherchant *combien de fois* le produit (60) contient le facteur donné (15).

Le *produit donné* s'appelle DIVIDENDE, ou *nombre à diviser*.

Le *facteur donné* s'appelle DIVISEUR, ou *nombre qui divise*.

Le *facteur cherché* se nomme QUOTIENT (du latin *quoties*, combien de fois), parce qu'il exprime *combien de fois* le dividende contient le diviseur.

Règle générale. — *Pour faire une division, il faut :*

1º PLACER *le dividende à gauche et le diviseur à droite sur une même ligne, et souligner le diviseur afin d'écrire le quotient au-dessous;*

2º FORMER *le premier dividende partiel, et, pour cela,* PRENDRE *à gauche du dividende assez de chiffres pour contenir le diviseur, c'est-à-dire, autant qu'en a le diviseur, et un de plus si le diviseur ne peut être contenu dans son même nombre de chiffres;*

3º CHERCHER *combien de fois ce premier dividende partiel contient le diviseur, et écrire au quotient le chiffre de ce combien de fois qui ne peut surpasser* 9 ;

4º MULTIPLIER *le diviseur par le chiffre trouvé, écrire le produit au-dessous du dividende partiel et faire la* SOUSTRACTION ;

5º ABAISSER, *à droite du reste, le chiffre suivant de la partie négligée du dividende, et, par ce moyen, former un* 2º *dividende partiel, sur lequel on opère comme sur le premier, en cherchant combien de fois il contient le diviseur.*

En continuant ainsi, de dividende partiel en dividende partiel, on arrive à obtenir, *un à un*, tous les chiffres du quotient jusqu'aux unités.

Si un dividende partiel *ne contient pas* le diviseur, on écrit 0 au quotient, on abaisse un autre chiffre et on continue l'opération.

Comment on doit considérer le Diviseur. (*soit* 8)

La division n'est autre chose que la *décomposition* d'un PRODUIT en ses différents produits partiels de centaines, de dizaines et d'unités, dans le but de trouver les CHIFFRES-MULTIPLICATEURS (1) de centaines, de dizaines et d'unités, qui les ont donnés. Cette décomposition se fait au moyen d'une comparaison entre chaque produit partiel présumé et le diviseur, *considéré successivement comme le plus faible produit partiel de chaque ordre qui puisse être obtenu.* Ainsi :

En présence d'un dividende partiel de *centaines*, le diviseur représentera le plus faible produit partiel de *centaines* qui puisse être obtenu en multipliant le diviseur par 1 *centaine.* 8×1 *centaine* $= 8$ *centaines.*

En présence d'un dividende partiel de *dizaines*, le diviseur représentera le plus faible produit partiel de *dizaines* qui puisse être obtenu en multipliant le diviseur par 1 *dizaine.* 8×1 *dizaine* $= 8$ *dizaines.*

En présence d'un dividende partiel d'*unités*, le diviseur représentera le plus faible produit partiel d'*unités* qui puisse être obtenu en multipliant le diviseur par 1 *unité.* 8×1 *unité* $= 8$ *unités.*

Et en cherchant *combien de fois* chaque dividende partiel contient le plus faible produit partiel *de son espèce* qui puisse être obtenu, c'est-à-dire le *diviseur*, on parvient à déterminer *la valeur exacte* de chaque chiffre du quotient.

Pourquoi on commence l'opération par la gauche. — Du premier dividende partiel et du premier chiffre du quotient.

On commence l'opération par la gauche :

1º Parce que tous les produits partiels sont confondus dans un PRODUIT, et que le plus fort produit partiel est le seul dont on puisse *présumer* la valeur d'une manière certaine. Plus de la MOITIÉ des plus fortes unités du *produit* lui appartiennent forcément, car 1 *dizaine* est plus de la moitié de 19 *unités*; 1 *centaine* est plus de la moitié de 199 *unités*; 1 *mille* est plus de la moitié de 1999 *unités.*

2º Parce que dans un produit comme dans tout nombre, les chiffres exprimant les plus fortes unités sont à *gauche.*

$$
\begin{array}{r}
325 \\
19 \\
\hline
292^{*}5 \\
325^{*} \\
\hline
617^{*}5
\end{array}
$$

---

(1) Le diviseur et le quotient, comme *facteurs d'un produit* appelé dividende, représentent l'un le *multiplicande*, et l'autre le *multiplicateur.*

Or, ce plus fort produit partiel présumé, qu'on appelle dans la division premier DIVIDENDE PARTIEL, exprimera des *centaines*, des *dizaines* ou des *unités*, suivant qu'à partir du premier chiffre de gauche du dividende, et en prenant *assez de chiffres* pour le former, on s'arrêtera sur les *centaines*, sur les *dizaines*, ou sur les *unités*.

En sorte que si le premier dividende partiel est composé d'UNITÉS DE MILLE, le quotient aura **quatre** chiffres, dont le premier exprimera des UNITÉS DE MILLE, et les trois autres des *centaines*, des *dizaines* et des *unités*;

Que si le premier dividende partiel est composé de CENTAINES, le quotient aura **trois** chiffres, dont le premier exprimera des CENTAINES et les deux autres des *dizaines* et des *unités*.

Déterminer l'*espèce* du premier dividende partiel, c'est donc en même temps déterminer l'espèce et le nombre des chiffres du quotient.

On distingue dans la Division huit cas principaux :

1.2. *Ou le diviseur n'a qu'un chiffre, ou il en a plusieurs*;

3.4. *Ou le second chiffre du diviseur est faible, ou il est fort*;

5.6. *Ou le diviseur est terminé par un chiffre significatif ou il est terminé par un zéro*;

7.8. *Ou le diviseur est un nombre entier, ou il est un nombre décimal.*

Soit à diviser 374,152 par 8.

(1) DIVIDENDE 374152 | 8 DIVISEUR.

Produit partiel réel. 32 | 46769 QUOTIENT.

2me Dividende partiel. 5*4   produit partiel présumé.
         4 8   produit partiel réel.

3me Dividende partiel.   6*1 produit partiel présumé.
         5 6   produit partiel réel.

4me Dividende partiel.   5*5 produit partiel présumé.
         4 8   produit partiel réel.

5me Dividende partiel.   7*2 pr. part présum. }
         7 2 prod. part. réel. } égaux

RESTE......... 0

Chaque dividende partiel doit être *aussi grand* que 8 $\times$ 1 ou 8.

———

Chaque dividende partiel doit être moins grand que 8 $\times$ 10 ou 80.

(1) En 37 *dizaines de mille* combien de fois 8 $\times$ 1 *dizaine de mille*.
     ou
En 37 dizaines de mille combien de fois 8 dizaines de mille,
     ou plus simplement,
En 37.........combien de fois 8.......... (en rendant le dividende et le diviseur chacun dix mille fois plus petits. (*Voir page 44*).

PREUVE.

Lorsqu'on a trouvé le facteur cherché, c'est-à-dire le *quotient*, il faut, pour faire la preuve de la division, multiplier *l'un par l'autre*, le diviseur et le quotient. — Si le *produit*, y compris le *reste final*, est égal au dividende, l'opération est bonne.

46769
8
——————
374152
Produit égal au dividende.

1er **DIVIDENDE PARTIEL** : 37 *dizaines de mille*. — En 37 dizaines de mille combien de fois 8 × 1 dizaine de mille (*le plus faible produit partiel de dizaines de mille qui puisse être obtenu*), ou plus simplement, en 37 combien de fois 8 ? Réponse : 4 *fois*. Ce qui prouve que le quotient a 4 *dizaines de mille* et est composé de *cinq* chiffres. J'écris 4 au quotient, je multiplie le diviseur par ce chiffre et je porte le produit 32 au-dessous du premier dividende partiel 37. Soustraction faite ; j'ai pour RESTE 5 *dizaines de mille*.

2me **DIVIDENDE PARTIEL** : 54 *unités de mille*, formé du *reste* 5 dizaines de mille, converti en *unités de mille*, et des 4 *unités de mille* abaissés du dividende. — 54 unités de mille contient 6 *fois* le diviseur 8 × 1 unité de mille. J'écris 6 au quotient et j'ai pour reste 6 *unités de mille*.

3me **DIVIDENDE PARTIEL** : 61 *centaines*, formé du *reste* 6 unités de mille, converti en *centaines*, et du chiffre 1 *centaine* abaissé du dividende. 61 centaines contient 7 *fois* le diviseur 8 × 1 centaine. J'écris 7 au quotient et j'ai pour reste 5 *centaines*.

4me **DIVIDENDE PARTIEL** : 55 *dizaines*, formé du reste 5 centaines, converti en *dizaines*, et du chiffre 5 *dizaines* abaissé du dividende. — 55 dizaines contient 6 *fois* le diviseur 8 × 1 dizaine. J'écris 6 au quotient et j'ai pour *reste* 7 *dizaines*.

5me **DIVIDENDE PARTIEL** : 72 *unités*, formé du reste 7 dizaines converti en *unités*, et du chiffre 2 *unités* abaissé du dividende. — 72 unités contient 9 fois le diviseur 8 × 1 unité. J'écris 9 au quotient et le reste est 0 unités.

On a déjà vu que la multiplication n'est qu'une addition *abrégée*.

On peut dire, d'après ce qui précède, que la division n'est qu'une SOUSTRACTION *abrégée*, car dans la division on soustrait par *unités*, *dizaines* et *centaines de fois*, de même que dans la multiplication on additionne par *unités*, *dizaines* et *centaines* de fois.

Manière d'opérer lorsque le diviseur a plusieurs chiffres significatifs.

Lorsque le diviseur a plus d'un chiffre significatif, on ne considère que le premier à gauche, *celui de ses plus fortes unités*, et on néglige les autres chiffres de droite, à la charge d'en négliger autant à la droite du dividende partiel. Par ce moyen, on n'établit de comparaison qu'entre les plus fortes unités du dividende partiel et les unités de même ordre du diviseur, ce qui est plus simple et suffisant. (*Voir page 44*).

CONSÉQUENCE : 1° *Lorsque le dividende partiel n'a pas plus de chiffres que le diviseur, on cherche combien de fois* le premier chiffre *de l'un contient le premier chiffre de l'autre;*

2° *Lorsque le dividende partiel a un chiffre de plus que le diviseur, on cherche combien de fois les deux premiers chiffres du dividende partiel contiennent le premier chiffre du diviseur.*

PREMIER CAS.	**DEUXIÈME CAS.**
Le dividende étant 9845 et le diviseur 3129, on ne considère dans le diviseur que le chiffre 3 *unités de mille* pour ne considérer dans le dividende que le chiffre 9 *unités de mille*, et on dit : En 9 combien de fois 3 ? Rép., 3 *fois*.	Le dividende étant 5845 et le diviseur 724, on ne considère dans le diviseur que le chiffre 7 *centaines*, pour ne considérer dans le dividende que les 58 *centaines*, et on dit : En 58 combien de fois 7 ? Rép. 8 fois.

Dividende 9845 ⎰3129 diviseur.
　　　　 9387 ⎱3　　quotient.
Reste..　478

Dividende 5845 ⎰724 diviseur.
　　　　 5792 ⎱8　　quotient.
Reste ..　53

Des restes successifs et de ce qu'ils représentent.

Le nombre de *centaines* que peut contenir un PRODUIT ne provient pas uniquement du produit partiel par les centaines du multiplicateur. Une partie de ces *centaines* appartient aux produits partiels par les *dizaines* et par les *unités*. Ainsi, le multiplicande étant 327 unités et le multiplicateur 235 unités,

327 　　235	Les 768 *centaines* du produit 76,845 ont *trois* provenances :
16 35 　98 1 　654	1° du produit par les centaines　654　centaines. 2° du produit par les dizaines　　98　centaines. 3° du produit par les unités...　　16　centaines.
768 45	768　centaines.

---

(1) En 5845 combien de fois 724 ?

Ou en 58 *centaines* combien de fois 7 *centaines* ?

　ou plus simplement,

En 58.........combien de fois 7........? (en rendant le dividende et le diviseur 100 fois plus petits. (*Voir page 44*).

```
    76845 | 327            De............    768  centaines (prod. pel présumé.).
     654  | ———           Oter............   654  centaines (prod. pel réel).
          |  235                             ———
1er reste.. 114*4          Reste.....    114  centaines provenant des pro-
            98 1                               duits partiels par les dizai-
                                               nes et les unités.
2me reste.  16*35          Oter...........    98  centaines du prod. pel des
            16 35                              ———   dizaines.
           «« ««          ·Reste.....     16  centaines provenant du pro-
                                               duit partiel par les unités.
```

On voit qu'après avoir déterminé le 1er dividende partiel 768 **centaines**, et avoir trouvé le produit partiel réel 654 **centaines**, on a pour RESTE 114 *centaines*, sur lesquelles 98 proviennent du produit partiel des *dizaines*, et 16 du produit partiel des *unités*.

Chaque **reste**, *en y joignant les chiffres non abaissés du dividende*, exprime le produit de la multiplication du diviseur par les chiffres du quotient qui restent à connaître. En effet,

Le 1er dividende partiel et le premier chiffre du quotient exprimant des *centaines*, le 1er *reste*, *en y joignant les chiffres non abaissés du dividende*, exprimera le produit de la multiplication du diviseur par les dizaines et les unités du quotient.

Le 2me dividende partiel et le 2me chiffre du quotient exprimant des *dizaines*, le 2me reste, en y joignant les chiffres non abaissés du dividende, exprimera le produit de la multiplication du diviseur par les unités du quotient.

Le 3me dividende partiel et le 3me chiffre du quotient exprimant des unités, le 3me et dernier reste, s'il y en a un, *et a droite duquel il n'y aura aucun chiffre à abaisser*, exprimera le produit de la multiplication du diviseur par la fraction du quotient (*décim.* ou *ord.*)

Ce que doit être le *reste* numériquement.

Le reste doit toujours être plus faible que le diviseur au moins de 1 *unité*, autrement le dividende partiel contiendrait 1 fois ou 2 fois de plus le diviseur. Si le diviseur est 327, le reste le plus grand qu'on puisse obtenir est 326.

Du reste *final* et de ce qu'il faut en faire.

Le reste *final*, ou simplement le RESTE, est celui qui se présente à la fin de l'opération lorsque les *unités* du quotient étant obtenues, on ôte le produit partiel *réel* des unités du produit partiel *présumé*.

Ce RESTE *s'écrit à la suite du quotient sous forme de fraction avec le diviseur au-dessous.* (Voir les deux exemples suivants.)

Pourquoi on n'abaisse successivement qu'un chiffre à la droite du reste.

On n'abaisse successivement qu'un chiffre à la droite du RESTE, celui qui est de l'*espèce* du produit partiel cherché :

1 Parce que la division n'est que la décomposition *successive* d'un produit en produits partiels de centaines, de dizaines et d'unités ;

2º *Parce que chacun des chiffres non compris dans le premier dividende partiel indique l'espèce d'un dividende partiel à former et d'un produit partiel à connaître ;*

3º Parce que si l'on abaissait à la fois tous les chiffres négligés du dividende, on n'aurait *rien* à écrire au-dessous de ceux qui ne seraient pas de l'espèce du produit partiel cherché, et que ces derniers se transmettraient *tels quels* au reste suivant. Ainsi :

Pour former un dividende partiel d'UNITÉS DE MILLE, il est inutile d'abaisser les *centaines*, les *dizaines* et les *unités* du dividende, qui ne peuvent, à raison de leur espèce, faire partie d'un produit partiel d'*unités de mille.*

Pour former un dividende partiel de CENTAINES, il est inutile d'abaisser les *dizaines* et les *unités* du dividende, qui ne peuvent, à raison de leur espèce, faire partie d'un produit partiel de *centaines.*

Pour former un dividende partiel de DIZAINES, il est inutile d'abaisser les *unités* du dividende, qui ne peuvent, à raison de leur espèce, faire partie d'un produit partiel de *dizaines.*

Ce qu'il faut faire lorsqu'un chiffre du quotient est trop FORT ou trop FAIBLE.

Lorsque le second chiffre de gauche du diviseur est très-élevé, comme 9, 8, 7, 6, 5, 4, il arrive que le dividende paraît contenir le diviseur un nombre de fois beaucoup plus grand qu'il ne le contient en réalité. Dans ce cas, on ramène le chiffre du quotient à sa véritable valeur *en tenant compte de la retenue* faite sur les chiffres de droite du diviseur, c'est-à-dire en *essayant* ce chiffre.

On reconnaît qu'un chiffre est trop faible lorsque le RESTE est *plus grand* que le diviseur ou même lui est égal. Il est trop fort lorsque la soustraction ne peut avoir lieu.

En résumé, si le chiffre *essayé* est TROP FORT, on le diminue ; s'il est TROP FAIBLE, on l'augmente, et ce, jusqu'à ce qu'on ait trouvé le chiffre *exact.*

Soit à diviser 6,864,217 par 1784.

DIVIDENDE 6864217 | 1784

Produit partiel réel. 5352 | 3847 1169
                                     1784

2e Dividende partiel 1512*2 produit partiel présumé.
                     1427 2 produit partiel réel.

3e Dividende partiel 85 0*1 produit partiel présumé.
                      71 3*6 produit partiel réel.

4e Dividende partiel 13 6 5*7 produit partiel présumé.
                      12 4 8 8 produit partiel réel.

RESTE............ 1 1 6 9

> Chaque dividende partiel doit être aussi grand que 1784 ✕ 1, c'est-à-dire 1784.
>
> Chaque dividende partiel doit être moins grand que 1784 ✕ 10, c'est-à-dire plus petit que 17840.

Lorsque le quotient et le diviseur ont *plus d'un chiffre*, le plus simple, pour faire la *preuve*, est d'additionner les produits partiels réels trouvés, en y joignant le *reste*.

PREUVE.

RESTE............ 1169 unités.
Unités.. 12488
Dizaines............... 7136.
Centaines........... 14272..
Mille............... 5352...

DIVIDENDE........... 6864217 unités.

1er DIVIDENDE PARTIEL : 6,864 *unités de mille*. — 6864, eu égard à la *retenue*, ne contient que 3 fois le diviseur, au lieu de 6 fois qu'il semble d'abord le contenir. J'écris 3 unités de mille au quotient, qui sera composé de quatre chiffres. Le reste est 1512 *unités de mille*.

2e DIVIDENDE PARTIEL : 15122 *centaines*, formé du reste 1512 unités de mille converti en *centaines*, et du chiffre 2 *centaines* abaissé du dividende. — 15122, eu égard à la retenue, ne contient que 8 fois le diviseur, au lieu de 9 fois *au plus* qu'il peut le contenir, car il semble le contenir 15 fois. J'écris 8 *centaines* au quotient. Le reste est 850 *centaines*.

3e DIVIDENDE PARTIEL : 8501 *dizaines*, formé du reste 850 centaines, converti en *dizaines*, et du chiffre 1 *dizaine* abaissé du dividende. — 8501 contient 4 fois le diviseur au lieu de 8 fois qu'il semble d'abord le contenir. J'écris 4 *dizaines* au quotient, et le reste est 1365 *dizaines*.

4e DIVIDENDE PARTIEL : 13657 *unités*, formé du reste 1365 *dizaines*, converti en *unités*, et du chiffre 7 unités, abaissé du dividende. — 13657 ne contient que 7 fois le diviseur, au lieu de 9 fois *au plus* qu'il peut le contenir, et de 13 fois qu'il semble lé contenir, en ne considérant que le 1ᵉʳ chiffre. J'écris 7 *unités* au quotiens, et le reste est 1169.

Et jai pour expression de la division de 1169 unités par 1784, 'a fraction $\frac{1169}{1784\text{me}}$ que j'écris à la suite du quotient. En effet, 1 ou l'*unité*, divisé par 1784, donne $\frac{1}{1784\text{me}}$, et 1169 qui se compose de 1169 *fois* 1 ou l'*unité*, donnera 1169 fois $\frac{1}{1784\text{me}}$ ou $\frac{1169}{1784\text{me}}$

Manière d'opérer lorsque le dividende partiel ne contient pas le diviseur. — Quand et pour quoi on écrit zéro au quotient.

Toutes les fois qu'il y a un ou plusieurs zéros au multiplicateur il y a défaut des produits partiels de même espèce. Ainsi, lorsqu'un dividende partiel de *centaines* ne contient pas le diviseur, cela veut dire qu'il n'est pas entré de produit partiel de *centaines* dans la composition du dividende, et que le chiffre du quotient est 0 *centaines*. C'est pourquoi *on écrit 0 au quotient* et on continue à abaisser chiffre par chiffre, et à écrire 0 autant de fois, jusqu'à ce qu'on ait formé un dividende partiel capable de contenir le diviseur, ou qu'on ait abaissé le dernier chiffre du dividende.

Si le dernier dividende partiel formé ne contient pas le diviseur, on écrit un dernier 0 au quotient. Alors ce dernier dividende partiel devient le RESTE, et *le quotient est un nombre entier terminé par des zéros, plus une fraction* (2ᵐᵉ exemple).

PREMIER EXEMPLE.

Soit à diviser 34,609,248 par 864.

34609248	864	PREUVE.	
3456	40057		
		Reste..	»»»»»
49*2*4		Unités	6048
4320		Dizaines...........................	4320»
		Centaines.	»»»»»»
604*8		Unités de mille.......	»»»»»»
6048		Dizaines de mille...............	3456»»»»»»
0000		PRODUIT égal au dividende.....	34609248

1ᵉʳ DIVIDENDE PARTIEL : 3460 *dizaines de mille*. 3460 contient 4 fois le diviseur 864. J'écris 4 dizaines de mille au quotient qui sera composé de cinq chiffres. Le reste est 4 dizaines de mille.

2me DIVIDENDE PARTIEL : 49 *unités de mille*, y compris le chiffre 9 unités de mille abaissé du dividende. — 49 ne contenant pas le diviseur 864, j'écris 0 unités de mille au quotient.

3me DIVIDENDE PARTIEL : 492 *centaines*, y compris le chiffre 2 centaines, abaissé du dividende. — 492 ne contenant pas le diviseur 864, j'écris 0 centaines au quotient.

4me DIVIDENDE PARTIEL : 4924 *dizaines*, y compris le chiffre 4 dizaines abaissé du dividende. 4924 contenant 5 fois le diviseur 864, j'écris 5 dizaines au quotient. Le reste est 604 dizaines.

5me DIVIDENDE PARTIEL : 6048 *unités*, y compris le chiffre 8 unités du dividende. — 6048 contenant le diviseur 864 : 7 fois, j'écris 7 unités au quotient. Le reste est 0 unités.

SECOND EXEMPLE.

Soit à diviser 2,592,441 par 864.

$$
\begin{array}{l|l}
2592441 & 864 \\
2592 & \overline{3000} + \dfrac{441}{864} \\
\hline
0000{*}4{*}4{*}1 &
\end{array}
$$

PREUVE.

Reste..	441
Unités..	»»»»
Dizaines...	»»»»
Centaines..	»»»»
Mille...	2,592,»»»»
PRODUIT égal au dividende....	2,592,441

1er DIVIDENDE PARTIEL : 2592 *unités de mille*. 2592 contenant 3 fois le diviseur 864, j'écris 3 *unités* de mille au quotient, qui sera composé de quatre chiffres. Le reste est 0 *unité de mille*.

2me DIVIDENDE PARTIEL : 4 *centaines* ne comprenant que le chiffre 4 centaines, abaissé du dividende. — 4 ne contenant pas le diviseur 864, j'écris 0 *centaine* au quotient.

3me DIVIDENDE PARTIEL : 44 *dizaines*, y compris le chiffre 4 *dizaines* abaissé du dividende. — 44 ne contenant pas le diviseur 864, j'écris 0 *dizaine* au quotient.

4me DIVIDENDE PARTIEL : 441 *unités*, y compris le chiffre 1 *unité* abaissé du dividende. — 441 ne contenant pas le diviseur 864, j'écris 0 *unité* au quotient.

Le reste est 441 *unités*; j'écris à la suite du quotient la fraction $\dfrac{441}{864}$

Approximation du quotient à un dixième, à un centième près.

Lorsqu'on n'a plus de chiffres à abaisser, *au lieu d'écrire le reste à la suite du quotient, sous forme de fractions*, on peut continuer l'opération en ajoutant *un zéro* à chaque reste, de manière à former des dividendes partiels de *dixièmes*, de *centièmes*, de *millièmes*, etc., et à obtenir ainsi au quotient des *dixièmes*, des *centièmes*, des *millièmes*, etc.

C'est ce qu'on appelle trouver la valeur exacte du quotient à *un dixième*, à *un centième* ou à *un millième* près.

On peut donc connaître la valeur exacte du quotient de l'opération précédente, *à un millième près*, en continuant l'opération jusqu'aux *millièmes*, c'est-à-dire en obtenant *trois décimales*, par l'abaissement successif de *trois zéros*.

```
2592441  ( 864
2592     ( 3000.510
_____
»»»»4*4*1*0
  4 3 2 0
  _______
  » » 9 0*0
    8 6 4
    _____
    3 6 0
```

	PREUVE.	
RESTE :	Millièmes...........	0.360
	Centièmes..........	8.64»
	Dixièmes...........	432.0»»
	Unités de mille....	2592»»»».»»»
	PRODUIT........	2592441.000

Moyens de simplification applicables lorsque le diviseur est terminé par des zéros ou par des décimales.

Sachant que multiplier un nombre par 10, 100, 1,000, etc., c'est lui appliquer les conséquences de la numération décimale et le rendre 10 fois, 100 fois, 1,000 fois plus grand,

Et que diviser un nombre par 10, 100, 1,000, etc., c'est lui appliquer les conséquences de la numération décimale et le rendre 10 fois, 100 fois, 1,000 fois plus petit,

On remarquera :

1o Que multiplier le dividende par 10, par 100, par 1,000, etc., c'est multiplier le quotient par 10, par 100, par 1,000. etc., c'est-à-dire le rendre 10 fois, 100 fois, 1,000 fois plus grand ; (*plus* il y a à partager, *plus* on a) ;

2o Que diviser le dividende par 10, par 100, par 1,000, etc., c'est diviser le quotient par 10, par 100, par 1,000, etc., c'est-à-dire le rendre 10, 100, 1,000 fois plus petit; (*moins* il y a à partager, *moins* on a);

3º Que *multiplier* le diviseur par 10, par 100, par 1,000, etc., c'est *diviser* le quotient par 10, par 100, par 1,000, etc., c'est-à-dire le rendre 10 fois, 100 fois, 1,000 fois plus petit; (*plus* on est à partager *moins* on a);

4º Que *diviser* le diviseur par 10, par 100, par 1,000, etc., c'est *multiplier* le quotient par 10, par 100, par 1,000, etc., c'est-à-dire le rendre 10 fois, 100 fois, 1,000 fois plus grand; (*moins* on est à partager *plus* on a);

Nota. — On le voit, les effets sont directs sur le dividende; ils sont *inverses* sur le diviseur.

Conclusion : 1º Le quotient ne change pas de valeur lorsqu'on MULTIPLIE le *dividende* et le *diviseur* par un même nombre; 2º Le quotient ne change pas de valeur lorsqu'on DIVISE le *dividende* et le *diviseur* par un même nombre.

On peut donc, dans le but de simplifier l'opération, *multiplier* ou *diviser* le **dividende et le diviseur** par un même nombre, c'est-à-dire par 10, par 100, par 1,000, la valeur du quotient ne sera point altérée par cette modification, puisque l'effet produit sur le *quotient* par la multiplication ou la division du dividende, est détruit par l'effet inverse produit par la multiplication ou la division du diviseur.

Il y a matière à simplification : 1º lorsque le diviseur est terminé par des zéros; 2º lorsqu'il est terminé par une *fraction décimale*.

DIVISION DES NOMBRES DÉCIMAUX

Il importe peu, dans la division des nombres décimaux, de considérer ce qu'est le dividende. Mais *le* **diviseur** *doit toujours être ramené à l'état de nombre entier terminé par un chiffre significatif*, et comme pour le ramener à cet état il faut avancer le point décimal vers la droite ou le reculer vers la gauche, il est indispensable, en vue de l'exactitude du quotient, que la même simplification soit appliquée au dividende. (1). Et *lorsque le dividende n'a pas assez de*

---

(1) Ce qui veut dire :

1º Que si dans le diviseur on avance le point décimal d'*un*, de *deux*, de *trois* rangs vers la droite, il faut dans le dividende l'avancer d'*un*, de *deux*, de *trois* rangs vers la droite; 2º que si dans le diviseur on recule le point décimal d'*un*, de *deux*, de *trois* rangs vers la gauche, il faut dans le dividende reculer le point décimal d'*un*, de *deux*, de *trois* rangs vers la gauche.

chiffres à droite ou à gauche du point décimal pour appliquer la simplification et transporter le point décimal à la place voulue, *on y
supplée par des zéros.*

Il ressort de cela qu'*il n'y a aucune simplification à opérer lorsque
le diviseur est un nombre entier terminé par un chiffre significatif.*

On distingue dans la division des nombres décimaux plusieurs *cas,*
suivant que le dividende et le diviseur sont des nombres entiers,
qu'ils sont terminés ou non terminés par des zéros, ou qu'ils ont plus
ou moins de décimales l'un que l'autre; mais ils se réduisent à ces
deux cas principaux : 1° Le diviseur est-il un nombre entier terminé
par des zéros? 2° Le diviseur est-il terminé ou non par des décimales?

PREMIER EXEMPLE.

A diviser 45214.25 par 869.

Opération sans simplification.

```
45214.25 | 869
   4345   | 52.03 à un centième près.
   ─────
   176*4
   173 8              PREUVE :
   ─────       Reste. .......      0.18
   26*2*5      Centièmes.     26.07
   26 0 7      Unités. ......   1738.»»
   ─────       Dizaines. ....  4345».»»
Reste.  »».18              ───────────
            Dividende..  45214.25
```

DEUXIÈME EXEMPLE.

A diviser 0.847 par 19.

Opération sans simplification.

```
0.847 | 19
  76  | 0.044 à un millième près.
  ──
  87               PREUVE :
  76        Reste. ..........     0.011
  ──        Centaines. .....     0.076
Reste.. 11  Dizaines. ........    0.76»
                            ───────────
            Dividende ....       0.847
```

TROISIÈME EXEMPLE.

A diviser 1.927 par 200.

Opération simplifiée.

```
0.01927 | 2
   18   | 0.00963 à un cent milme près
   ──
   12            Reste. .......  0.00001
   12                           ».00006
   ──                             0012»
   107                            018»»
    6                        ───────────
   ──         Dividende..  0.01927
Reste.  1
```

QUATRIÈME EXEMPLE.

A diviser 768 par 4.49.

Opération simplifiée.

```
76800  | 449
  449  | 171.04
  ───
  3190            PREUVE :
  3143     Reste. ............      3.04
  ───                               17.96
   470                             449.»»
   449                            3143».»»
   ───                            449»».»»
  21*0*0                       ───────────
  17 9 6    Dividende. .......  76800.00
  ─────
   3 0 4
```

CINQUIÈME EXEMPLE.

A diviser 524.8 par 48.815.

Opération simplifiée.

```
524800  | 48815
 48815  | 10.75
 ──────
 3665*0*0           PREUVE :
 341705     Reste. ......     38.75
 ──────                       2440.75
 247950                       34170.5»
 244075                       48815».»»
 ──────                   ───────────
Reste.  3875  Dividende. 524800.00
```

SIXIÈME EXEMPLE.

A diviser 0.25 par 0.183.

Opération simplifiée.

```
250  | 183
183  | 1.36
───
670               PREUVE :
549       Reste. ......\....... 1.12
───                             10.98
1210                            54.9»
1098                            183.»»
───                         ───────────
112       Dividende. .......  250.00
```

AUTRES SIMPLIFICATIONS.

I. Lorsque le diviseur n'a qu'*un* chiffre significatif, au lieu de faire l'opération suivant les moyens ordinaires, il y a un moyen plus prompt de trouver le quotient, c'est de prendre le demi, le tiers, le quart, le cinquième, le sixième, le septième, le huitième ou le neuvième de chaque ordre d'unités du dividende (suivant que le diviseur est 2, 3, 4, 5, 6, 7, 8 ou 9), en commençant par les plus fortes unités, et en ayant soin, à chaque fois, de *convertir le reste en unités de l'ordre suivant*, c'est-à-dire, de le placer devant le chiffre qui suit immédiatement. De cette manière :

Soit à diviser 57248 par 7.

Quotient. ..... $8198 + \frac{2}{7}$

Unités de mille : 57. Le 7me de 57 est 8. Reste 1, que je place devant le chiffre 2 centaines.

Centaines : 12. Le 7mo de 12 est 1. Reste 5, que je place devant le chiffre des dizaines.

Dizaines : 54. Le 7me de 54 est 9. Reste 5, que je place devant le chiffre des unités.

Unités : 58. Le 7me de 58 est 8. Reste 2, que j'écris sous forme de *fraction*, à la suite du quotient, et le quotient est 8198. $\frac{2}{7}$.

II. On simplifie encore de beaucoup l'opération *en n'écrivant pas les produits partiels*, c'est-à-dire, en soustrayant du dividende partiel chaque chiffre du produit partiel à mesure qu'on l'obtient. Cela suffit, puisque du *reste* et du chiffre abaissé, on forme le dividende partiel suivant :

	43,827	83		3,467,2 1 7	568
1er reste.	2 3·2	528.03	1er reste....... » »59·2		6104 $\frac{145}{568}$
2me reste.......	6 6·7		2me et 3me reste	2 4·1·7	
3me et 4me reste.	» » 3·0·0		5me et d^{er} reste	1 4 5	
5me et d^{er} reste.	5 1				

CONSÉQUENCES TIRÉES DE LA DÉFINITION DE LA MULTIPLICATION.

1° Si le multiplicateur est égal à l'unité, le produit sera égal au multiplicande ;

2° Si le multiplicateur est égal à 2 fois, 3 fois, 4 fois, 5 fois l'unité, le produit sera égal à 2 fois, 3 fois, 4 fois, 5 fois le multiplicande ;

3° Si le multiplicateur est égal à la dixième, à la centième, à la millième partie de l'unité ; le produit sera égal à la dixième, à la centième, à la millième partie du multiplicande.

CONSÉQUENCES TIRÉES DE LA DÉFINITION DE LA DIVISION.

1° Si le diviseur est égal à l'unité, le quotient sera égal au dividende

2° Si le diviseur est égal à 2 fois, 3 fois, 4 fois, 5 fois l'unité, le quotient sera égal au $\frac{1}{2}$, au $\frac{1}{3}$, au $\frac{1}{4}$, au $\frac{1}{5}$ du dividende ;

3° Si le diviseur est égal à la dixième, à la centième, à la millième partie de l'unité, le quotient sera égal à 10 fois, 100 fois, 1,000 fois le dividende.

USAGES DE LA MULTIPLICATION ET DE LA DIVISION.

Entr'autres usages, la multiplication sert à trouver le prix de PLUSIEURS choses, le prix d'*une* étant donné.

Entr'autres usages, la division sert à trouver le prix d'UNE chose, le prix de *plusieurs* étant donné.

QUESTIONNAIRE.

Qu'est-ce que la Division ? — Qu'est-ce que le dividende ? que le diviseur ? que le quotient ? — Quelle est la règle générale pour faire la division ? — Comment doit-être considéré le diviseur ? — Pourquoi commence-t-on l'opération par la gauche ? — Qu'est-ce que le premier dividende partiel ? — Si le premier dividende partiel marque des unités de mille, combien de chiffres aura le quotient, et qu'exprimeront-ils ? — Comment opère-t-on lorsque le diviseur est composé de plusieurs chiffres significatifs ? — Qu'entend-on par restes successifs ? — Que doit être le reste numériquement ? — Qu'est-ce que le reste final et que faut-il en faire ? — Pourquoi n'abaisse-t-on qu'un chiffre à la fois ? — Comment fait-on lorsque le chiffre trouvé au quotient est trop faible ? — Quand et pourquoi écrit-on 0 au quotient ? — Que signifie cette expression : avoir la valeur exacte du quotient à un dixième, à un centième près ? — Quels sont les moyens de simplification qu'on peut employer dans la division ? — Quand les emploie-t-on ? — Lorsque le diviseur est terminé par des zéros ou des décimales à quel état doit-il être ramené ? — Quelles sont les conséquen- tirées de la définition de la multiplication ? — Quelles sont les conséquences tirées de la définition de la division ? — A quoi sert la multiplication ? — A quoi sert la division ?

Chapitre Septième.

DES FRACTIONS ORDINAIRES

ET DE LEUR CONVERSION EN FRACTIONS DÉCIMALES.

LES **FRACTIONS ORDINAIRES** sont celles qui existaient avant les fractions *décimales* du système métrique.

Les *fractions ordinaires* diffèrent des fractions décimales, en ce qu'elles sont représentées par deux termes : le *numérateur* et le *dénominateur* (1).

Le **NUMÉRATEUR** exprime le **nombre** de parties égales dont la fraction se compose.

Le **DÉNOMINATEUR** donne le **nom** à la fraction et en indique l'**espèce**, en faisant connaître en *combien de parties* l'**UNITÉ** est divisée.

NOTA. Dans les fractions décimales, c'est le *rang* du dernier chiffre qui indique l'espèce de la fraction.

Pour *représenter* une fraction ordinaire, on écrit le numérateur au-dessus du dénominateur, en les séparant l'un de l'autre par un trait horizontal. De cette manière $\frac{5}{6}$

Pour *énoncer* une fraction ordinaire on lit d'abord le numérateur, puis le dénominateur, en ajoutant à ce dernier la terminaison *ième*.

$$\frac{19}{28} \qquad \frac{58}{400} \qquad \text{s'énoncent} \qquad \frac{\text{dix-neuf}}{\text{vingt-huitième.}} \qquad \frac{\text{Cinquante-huit}}{\text{centième}}$$

NOTA. Les nombres 2, 3 et 4, pris pour dénominateurs, font exception et se prononcent *demi*, *tiers*, *quart*.

$$\frac{1}{2} \qquad \frac{1}{3} \qquad \frac{1}{4} \qquad \text{s'énoncent} \qquad \frac{\text{un}}{\text{demi.}} \qquad \frac{\text{un}}{\text{tiers.}} \qquad \frac{\text{un}}{\text{quart.}}$$

Toute fraction dont le numérateur est *aussi grand* ou *plus grand* que le dénominateur, est une *expression fractionnaire*, c'est-à-dire une manière d'exprimer des *entiers* sous forme de fraction : $\frac{50}{4}$ est une expression fractionnaire, qui correspond à 12 *unités* $\frac{2}{4}$ ou $\frac{1}{2}$.

Toute fraction ordinaire peut être considérée comme le **QUOTIENT** de la division du numérateur par le dénominateur. Ainsi la fraction $\frac{5}{8}$ est le *quotient* de la division de 5 par 8. — Pour *convertir*

______

(1) Tout nombre peut servir de dénominateur à une *fraction ordinaire*. Mais une fraction *décimale* ne peut avoir pour dénominateur que le nombre DIX ou des *multiples décimaux de dix*, tels que *cent*, *mille*, *dix mille*, *cent mille*, *million*, etc

une fraction ordinaire en fraction décimale, il n'y a donc qu'à effectuer cette division, et pour cela, *écrire à la suite du numérateur (pris pour dividende), autant de zéros qu'on veut obtenir de décimales.*

$\frac{3}{4}$ converti en *centièmes* $= 0.75$

$\frac{2}{3}$ converti en *millièmes* $= 0.666$

$\frac{19}{28}$ converti en *dix m^{mes}* $= 0.6785$

$$
\begin{array}{l|l}
3.00 & 4 \\
20 & \overline{0.75} \\
\text{Reste } 0 & \\
2.000 & 3 \\
20 & \overline{0.666} \\
20 & \\
\text{Reste } 2 &
\end{array}
\qquad
\begin{array}{l|l}
19.0000 & 28 \\
2\,20 & \overline{0.6785} \\
240 & \\
160 & \\
\text{Reste } 20 &
\end{array}
$$

QUESTIONNAIRE.

Qu'est-ce que les fractions ordinaires? — Quelle différence y a-t-il entre une fraction ordinaire et une fraction décimale? — Qu'est-ce que le numérateur? — Qu'est-ce que le dénominateur? — Comment représente-t-on une fraction ordinaire? — Comment énonce-t-on une fraction ordinaire? — Quelles sont les exceptions? — Qu'entend-on par expression fractionnaire? — Comment peut-on considérer une fraction? — Comment se fait la conversion d'une fraction ordinaire en fraction décimale?

Partie Supplémentaire.

PROBLÈMES.

Un PROBLÈME est une *question* à résoudre.

Cette question peut-être plus ou moins compliquée. La *réponse* doit satisfaire à tout ce qui est proposé dans l'énoncé du problème.

PROBLÈME SUR L'**Addition.**

Un riche propriétaire a sept métairies qu'il a affermées, savoir : 1º Celle de *Cadourne* : 3,547 fr. 17 c. ; 2º celle de *Chasserat* : 2,914 fr. 75 c. ; 3º celle de *Perruchon* : 1852 fr. ; 4º celle de *Rouillac* : 14,048 fr. 45 c. ; 5º celle des *Barbins* : 9,693 fr. 05 c. ; 6º celle de *Saint-Sauveur* : 17,964 fr. ; 7º celle de *La Palud* : 5,639 fr. 35 c.

Quel est le revenu total que ces sept métairies donnent à leur propriétaire?

Métairie de *Cadourne*............................	3,547	17
Id. de *Chasserat*............................	2,914	75
Id. de *Perruchon*............................	1,852	»»
Id. de *Rouillac*............................	14,048	45
Id. des *Barbins*............................	9,693	05
Id. *Saint-Sauveur*............................	17,964	»»
Id. de *La Palud*............................	5,639	35
TOTAL............................	55,658	77

C'est donc un revenu de 55,658 fr. 77 c. de que ces sept métairies donnent à leur propriétaire.

PROBLÈMES SUR LA **Soustraction.**

1er *problème.* — Un riche propriétaire qui à 55,658 fr. 78 c. de rente, ne dépense par an que 36,248 fr. 94 c. Quelle est la somme qu'il peut mettre en *réserve* chaque année?

2me *problème.* — Un homme a emprunté pour trois ans la somme de 4,656 fr.; le terme arrivé, il n'a pu payer que 2,970 fr. 85 c. — Combien reste-t-il devoir?

SOLUTION DU 1er PROBLÈME.		SOLUTION DU 2me PROBLÈME.	
De............	55,658 78	De.............	4,656 »»
Oter.........	36,248 94	Oter...........	2,970 85
Reste........	19,409 84	Reste.........	1,685 15

Ce propriétaire pourra mettre en réserve chaque année 19,409 fr. 84 c.

Ce débiteur reste devoir à son prêteur la somme de 1,685 fr. 15 c.

PROBLÈMES SUR LA **Multiplication**.

Un riche propriétaire met en réserve par an, la somme de 19,409 fr. 84 c. A combien s'élèveront ses épargnes au bout de 18 ans.

```
        19,409.84
               18
        ─────────
       155,278 72
       194,098 4
        ─────────
Produit.  349,377.12
```

Au bout de 18 ans, les épargnes de ce propriétaire formeront la somme de 349,377 fr. 12 c.

Une propriété a 37 hectares 15 ares 64 centiares d'étendue. On vient de la vendre à raison de 536 fr. l'*hectare*. Quelle est la somme que doit toucher le vendeur ?

```
        57.1564 (1)
            536
        ─────────
        342 9384
        1,714 692
        28,578 20
        ─────────
Produit.  30,635.8304
```

C'est donc la somme de 30,645 fr. 83 c. (2) que le vendeur a à toucher de son acquéreur.

PROBLÈMES SUR LA **Division**.

Un père de famille laisse à son décès la somme de 548,246 fr. qui doit être partagée par portions égales entre ses huit enfants. — Quelle sera la part de chaque enfant ?

```
548,246 |  8
 68     | ─────────
 42     | 68,530.75
  24
   06·0
    40
Reste....  0
```

La part de chaque enfant sera donc de 68,530 fr. 75 c.

Un terrain planté de vignes vaut 675 fr. l'hectare. Combien pourra-t-on acheter d'hectares de ce terrain avec la somme de 32,645 fr. ?

```
32645 |  675
 5045 | ─────────
  245·0| 48.36
   42 50
Reste...  300
```

On achètera donc pour la somme de 32,645 fr. 48 hectares 36 ares.

---

(1) On voit que si le multiplicateur a plus de chiffres que le multiplicande, on les *intervertit* d'ordre, de manière à avoir moins de produits partiels et à abréger l'opération.

(2) On a négligé les deux derniers chiffres, parce que le *millième* et le *dix-millième* de franc n'existent point comme *monnaie*. — De plus, lorsque le premier des chiffres *négligés* sera 5 ou surpassera 5, on augmentera de 1 le dernier chiffre *conservé* de la fraction.

Problème sur l'**Addition** et sur la **Soustraction**.

M. Bernard a hérité de 96,275 fr. Pour ne pas les dissiper, il a cherché à les placer par hypothèques. Jusqu'à ce jour il a prêté : 1° à M. Legris, 12,215 fr. ; 2° à M. Courjol, 15,800 fr. ; 3° à M. Lepick, 32,516 fr. ; 4° à M. Corbat, 8,540 fr. ; 5° à M. Malgagne, 14,350 fr. ; 6° à M. Ornithon, 3,980 fr.

Arrive M. Jacobi qui lui demande 10,000 fr. à emprunter. M. Bernard lui dit qu'il va faire le compte de ce qu'il a déjà placé sur les 96,275 fr., afin de s'assurer s'il peut lui prêter la somme demandée, en tout ou en partie. — Combien M. Bernard a-t-il pu prêter à M. Jacobi.

Compte déjà prêté.		Déduire... 96,275
M. Legris............... 12,215		Oter..... 87,401
M. Courjol............. 15,800		
M. Lepick.............. 32,516		Reste...... 8,874
M. Corbat.............. 8,540		

Il ne reste plus à M. Bernard, pour prêter à M. Jacobi, que 8,874 fr.

M. Malgagne............ 14,350	Dem...... 10,000
M. Ornithon............ 3,980	Oter..... 8,874
Total....... 87,401	Reste..... 1,126

M. Bernard a déjà prêté à divers la somme de 87,401 fr.

C'est donc 1,126 fr. qui manquent à M. Jacobi et qu'il sera obligé d'emprunter ailleurs.

Problème sur la **Soustraction** et la **Multiplication**.

Un marchand de bœufs en a acheté 45 paires, à raison de 360 fr. la paire, et il les a revendus à raison de 412 fr. la paire. Quel a été son bénéfice ?

De... 412		52
Oter. 360		45
Reste.... 52		260
		208
		Produit... 2,340

Il a eu, par paire, 52 fr. de bénéfice.

Les 45 paires de bœufs lui ont donné un bénéfice de 2,340 fr., c'est-à-dire 52 fr. × 45 paires.

PROBLÈME SUR L'**Addition**, LA **Multiplication** ET LA **Soustraction**.

Un ouvrier célibataire ne dépense que 2 fr. 15 c. de nourriture sur les 4 fr. 55 c. qu'il gagne par jour. Il n'y a par an que 300 jours de travail. Son blanchissage lui coûte 40 c. par semaine; le loyer de sa chambre est de 7 fr. par mois; il use par an pour 125 fr. de vêtements. — Combien cet ouvrier peut-il mettre en réserve sur son travail de l'année?

4.55	2.15	0.40	12 mois
× 300 j.	365 j.	52 sem.	7 fr.
1365.00	1075	20.80	84 fr.
Il gagne 1365 f. par an.	1290	Son blanchissage lui coûte 20 fr. 80 c. par an.	Prix du loyer de sa chambre.
	645		
	784.75		
	Sa nourriture lui coûte 784 fr. 75 c.		

RÉSUMÉ.

Nourriture ....F.	784	75
Blanchissage	20	80
Loyer	84	»
Vêtements	125	»
TOTAL........F.	1014.55	

Sa dépense annuelle est de 1,014 fr. 55 c.

De......... 1365 fr.
Oter..... 1014 fr. 55 c.

RESTE........ 350 fr. 45 c.

que cet ouvrier peut mettre en réserve à la caisse d'épargnes.

PROBLÈME SUR L'**Addition**, LA **Soustraction** ET LA **Division**.

Un père meurt laissant à ses 5 enfants un capital de 48,619 fr. qui doit être partagé par portions égales. Il doit à son boulanger 419 fr. 76 c., à son médecin 516 fr., à son épicier 183 fr. 39 c., et à son boucher 279 fr. 44 c. En outre, les frais funéraires se sont élevés à 326 fr. Après les dettes payées, quelle est la part de chaque enfant ?

DETTES :

Au boulanger.... 419 fr. 76 c.

Au médecin...... 516 »

A l'épicier........ 183 39

Au boucher...... 279 44

Frais funéraires. 326 76

Total des dettes. 1724 fr. 59 c.

De.. 48,619
Oter 1,724.49

Reste.. 46,894.41

Il reste aux cinq enfants, après les dettes payées, la somme de 46,894 f. 41 c. à partager entre eux.

46,894.41 ⎰ 5
1 8   ⎱ 9,378.88
  3 9
  4 4
   4·4
    4 1
Reste... 1

La part de chaque enfant est de 9,378 fr. 88 c.

PROBLÈME SUR LA **Multiplication, l'Addition** ET LA **Division.**

Un marchand de bœufs en a acheté 64 paires pour 21,235 fr. Pour gagner 45 fr. par paire combien doit-il les revendre ?

```
    45
  × 64
  ------
   180
   270
  ------
  2880
```

21,235 prix d'achat.
+ 2,880 bénéfice fixé.

Total 24,115 fr.

24.115 ⎰ 64
4 91   ⎱ 376.79
435
51·0
 6 20
  44

Pour gagner 45 fr. fr. par paire il faut donc gagner sur toutes les paires 2280 fr. ou 45 fr. × 64 paires.

Pour gagner 2,280 fr. sur toutes les paires, il faudra les revendre 24,115 fr.

Pour gagner 45 f. par paire, il devra revendre chaque paire 376 f. 79 c.

PROBLÈME SUR LA **Soustraction** ET SUR LA **Division.**

Un marchand de bœufs en a vendu 64 paires pour 24,115 fr. — Ces 64 paires lui coûtaient en tout 21,235 fr. Combien a-t-il gagné en tout et par paire ? Combien lui a coûté la paire de bœufs? Combien a-t-il vendu la paire de bœufs ?

```
De......  24,115      2880 | 64    24115 | 64        21235 | 64
Oter....  21,235       320 | 45     491 | 376.796      203 | 331.798
          ______   Reste 000        435               115
Reste..    2,880                    51*0               51*0
                    Il a gagné 45 f.  620               620
  Il a gagné sur    par paire.      440               520
  toutes les paires                 Reste  6          Reste 008
  2,880 fr.                          Prix de vente par   Prix d'achat par
                                    paire : 376.796   paire, 331.798
```

De....... 376.79 prix de vente.
Oter..... 331.79 prix d'achat.
          ____
Reste...   45.00 bénéfice par paire.

PROBLÈME SUR LA **Division** ET LA **Multiplication**.

Si 1,724 *mètres* de drap bleu ont été payés 21,640 fr., quel sera le prix de 874 mètres du même drap?

```
21640 | 1724              12.552
 4400 | 12.552          × .894
  952*0                 ________
   9000                  50.108
   3800                 1129.68
Reste..  352           10041.6
                       _________
                       11221.488
```

Le prix d'un *mètre* de ce drap   Les 894 mètres, à 12 fr. 55 c.
est de 12 fr. 55 c.   *l'un*, coûteront 11,221 fr. 49 c.

PROBLÈME SUR LES **Fractions décimales**.

Un homme riche de 57,615 fr. donne à son neveu les 0.17 de cet avoir. A quelle somme s'élève le *don* fait par l'oncle ?

La 100ᵉ partie de 57,615 = 576 fr. 15 c.

17 fois la 100e partie = 576 fr. 15 c. × 17 ou 57,615 fr. × 0.17, attendu que le produit *ne change pas* lorsqu'après avoir rendu le multiplicande 100 fois plus *petit* on rend le multiplicateur 100 fois plus *grand*.

$$576.15 \times 17$$

$$4033.05$$
$$5761.5$$

$$9794.55$$

$$=$$

$$57615 \times 0.17$$

$$403305$$
$$57615$$

$$9,794.55$$

Les 0.17 de 57,615 donnés par l'oncle au neveu, s'élèvent dans les deux opérations à 9,794 fr. 55 c.

PROBLÈMES SUR LES **Fractions ordinaires**.

Un vieillard disait au jeune Parnel, réputé bon calculateur : Votre père possède maintenant la somme de 26,218 fr.

Lorsqu'il aura gagné 18,782 fr. de plus, il aura les $\frac{9}{13}$ de la fortune de votre grand-père, Christophe Parnel. Quelle était la fortune de votre grand-père ?

26,218 fr. + 18,782 ou 45,000 fr. = les $\frac{9}{13}$ de la fortune du grand-père. La 13e partie = $\frac{45,000}{9}$ les $\frac{13}{13} = \frac{45,000}{9} \times 13$

$$26,218$$
$$+18,782$$
$$=45,000$$

$$45,000 \mid 9$$
$$=5,000$$

$$= 5,000$$
$$\times 13$$
$$65,000$$

On le voit, le grand-père avait 65,000 fr., dont le 13e est 5,000 fr., et les neuf treizièmes sont 45,000 fr.

FIN.